高等职业教育工业机器人技术专业系列教材

KUKA工业机器人
现场编程与系统集成

主　编　崔连涛　国　兵

副主编　吴　辉　于泓涵　林燕文

参　编　李　峰　李　伟

KUKA Industrial Robot
Field Programming and System Integration

机械工业出版社
CHINA MACHINE PRESS

本书通过 KUKA 工业机器人典型工作站系统实例，介绍了工业机器人操作与编程、典型工作站系统方案与工艺、外围设备系统集成、系统调试及设备维护等内容。全书共 6 个学习情境，包括课程综述、工业机器人应用系统分类与组成、搬运码垛系统编程与仿真、工业机器人弧焊系统应用与仿真、工业机器人视觉分拣系统应用与仿真，以及工业机器人涂胶系统应用与仿真。

本书可作为高等职业院校工业机器人技术、机电一体化技术和电气自动化技术等专业的教材，也可作为工程技术人员的参考资料和培训用书。

本书配有丰富的教学课件、视频、动画和工作站仿真文件等教学资源。凡使用本书作为教材的教师可登录机械工业出版社教育服务网 www. cmpedu. com 注册后下载。咨询电话：010-88379375。

图书在版编目（CIP）数据

KUKA 工业机器人现场编程与系统集成/崔连涛，国兵主编. —北京：机械工业出版社，2022.4（2025.1 重印）
高等职业教育工业机器人技术专业系列教材
ISBN 978-7-111-70308-2

Ⅰ.①K… Ⅱ.①崔… ②国… Ⅲ.①工业机器人-程序设计-高等职业教育-教材②工业机器人-系统集成技术-高等职业教育-教材 Ⅳ.①TP242.2

中国版本图书馆 CIP 数据核字（2022）第 039464 号

机械工业出版社（北京市百万庄大街 22 号　邮政编码 100037）
策划编辑：薛　礼　　　　　　责任编辑：薛　礼　戴　琳
责任校对：陈　越　张　薇　封面设计：张　静
责任印制：邹　敏
中煤（北京）印务有限公司印刷
2025 年 1 月第 1 版第 3 次印刷
184mm×260mm · 19.25 印张 · 473 千字
标准书号：ISBN 978-7-111-70308-2
定价：59.80 元

电话服务　　　　　　　　　　　网络服务
客服电话：010-88361066　　　机　工　官　网：www.cmpbook.com
　　　　　010-88379833　　　机　工　官　博：weibo.com/cmp1952
　　　　　010-68326294　　　金　书　网：www.golden-book.com
封底无防伪标均为盗版　　机工教育服务网：www.cmpedu.com

Robot

前言

随着工业自动化技术的发展，数字化与智能化成为制造业发展的必然趋势，工业机器人作为智能工厂的关键一环将迎来新一轮的发展机遇。ABB、FANUC、KUKA 和安川等工业机器人工作站能够在无人监督的情况下连续工作长达数周时间，极大地提高了劳动生产率，在科学技术和社会生产中占据了越来越重要的地位，也对生产现场的技术人员提出了更高的要求。

党的二十大报告指出：建设现代化产业体系，坚持把发展经济的着力点放在实体经济上，推进新型工业化，加快建设制造强国、质量强国、航天强国、交通强国、网络强国、数字中国。推动制造业高端化、智能化、绿色化发展。工业机器人系统因其高度自动化和智能化，已成为我国制造业中的重要装备，广泛应用于智能制造领域的相关企业。工业机器人现场编程与系统集成是工业机器人技术专业的核心课程之一，在专业教学过程中占有重要地位。

本书以教学实际为出发点，介绍了四种 KUKA 工业机器人典型工作站系统，分别是搬运码垛系统、弧焊系统、视觉分拣系统和涂胶系统。书中内容以工作站系统集成的全局为视角，采取任务驱动和情境教学的编写形式，介绍了工业机器人工作站系统编程与集成技术。具体特点如下：

1）本书按照工作复杂程度由易到难的原则设置了一系列学习任务，融合了技术知识和实践经验，并嵌入职业核心能力知识点，改变了理论与实践相分离的传统教材组织方式，为读者提供了在完成工作任务的过程中学习相关知识及发展综合职业能力的学习工具。

2）本书以能力培养为导向，在每一个学习情境中均安排有硬件设计与连接、人机界面设计、PLC 程序设计、机器人程序设计等实训内容，充分满足了"教、学、做"一体化的情境式教学需求。

本书由崔连涛、国兵任主编，编写分工如下：学习情境 1 和学习情境 3 由崔连涛编写，学习情境 2 由国兵编写，学习情境 4 由崔连涛和国兵共同编写，学习情境 5 由林燕文、李峰和李伟共同编写，学习情境 6 由吴辉和于泓涵共同编写。全书由崔连涛负责统稿。北京华晟经世信息技术有限公司资源部的工程师们为本书提供了大量素材，本书在编写过程中参考和引用了所列参考文献中的有关资料，在此向相关工程师和作者表示衷心的感谢！

由于编者水平有限，书中难免有不当或疏漏之处，恳请读者批评指正。

编　者

二维码索引

（续）

名称	图形	页码	名称	图形	页码
工艺分析（视觉）		224	控制系统（涂胶）		261
程序编写调试与运行（视觉）		227	机械系统装配（涂胶）		268
视觉系统管理维护		249	系统运行仿真（涂胶）		271
需求分析（涂胶）		252	涂胶工艺分析		276
方案和工艺设计（涂胶）		253	程序调试与运行（涂胶）		277
电气系统设计（涂胶）		256	系统管理维护（涂胶）		296

目录
Contents

学习情境1　课程综述

【思维导图】

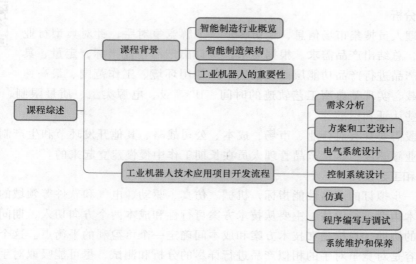

一、课程背景

随着工业化与信息化的深度融合，新的工业发展形态应运而生。近年来，世界上各工业大国纷纷提出了新型工业化发展战略，我国也高度重视产业智能化升级。可以预见，智能化将成为拉动我国经济快速发展的重要抓手。

1. 智能制造行业概览

智能制造是基于信息通信技术与先进制造技术深度融合，贯穿设计、生产和管理等各个环节，具有信息深度感知、智慧决策、精准控制执行、自主适应等特征的先进制造体系。智能制造在相关领域通过数据、网络和机器学习等技术手段，取代人力起到降本提效的作用，使传统企业的智能化转型成为可能。

2016 年 12 月，工业和信息化部、财政部共同发布的《智能制造发展规划（2016—2020年）》中指出：到 2020 年，智能制造发展基础和支撑能力明显增强，传统制造业重点领域基本实现数字化，有条件、有基础的重点产业智能转型取得明显进展；到 2025 年，智能制造支撑体系基本建立，重点产业初步实现智能转型。

2. 智能制造架构

智能制造产业链可分为感知层、网络层、执行层和应用层。在感知层，主要依靠传感器、射频识别（RFID）、机器视觉等技术来采集数据；在网络层，通过云计算、大数据、工业互联网技术和智能芯片完成对数据的处理及传输；在执行层，依靠机器人、智能机床和3D 打印等设备接收指令进行作业；在应用层，通过自主运行整个生产流程，在全局范围内自我学习、自我优化，实时适应新的环境，最终形成智能工厂。

3. 工业机器人的重要性

由工业机器人产生数据并执行生产任务，是未来最具代表性的生产方式之一。工业机器人不仅能够完成精细加工，而且具有柔性生产的特点，在实际生产的过程中，可有效实现数字化及自动化操作。随着技术的进步，工业机器人将具有更强的感知能力和网络协作能力。

二、工业机器人技术应用项目开发流程

这里从工业机器人技术应用项目开发着手，重点介绍设计一个机器人工作站的步骤和设计思路。

1. 需求分析

产品管理人员搜集市场信息，走访客户，了解竞争对手，针对典型行业和典型工艺，总结出产品需求。根据需求，拟订出产品性能指标，定量、具体地对预期产品进行产品功能层面的描述，如使用环境、工作范围、最高速度、额定负载、实现某典型工艺轨迹的时间、IP 等级、电源类型、质量限制、使用寿命及需要遵循哪些认证和标准等。

开发流程

这个阶段需要具有对行业、市场、成本、公司战略、其他开发环节和生产制造过程的综合认识及商业敏感度，这是产品管理人员在长期工作中慢慢建立起来的。

2. 方案和工艺设计

针对前一步拟订的产品性能指标，机械、仿真、驱动、电气和软件等领域的工程师开始从各自的技术角度进行评估，主要从技术方案可行性和成本两个方向切入，期间还需要采购和生产人员的协助，目标是在技术方案和成本间确定一个可盈利的平衡点。这个阶段中的另一个重要内容是对竞争对手的相似产品进行详尽的分析和测试，尽可能吸取对手的经验，优化自己的产品。

该阶段结束后会得到一个概念方案，方案一般包括机器人本体的选用、工作站工艺的设计、机器人工具的设置、PLC 的选型及其他设备的使用。

3. 电气系统设计

电气系统设计是根据设计要求，对机器人和 PLC 电源、负荷等级和容量、供配电系统线路、照明系统、动力系统及接地系统等进行分析、配置和计算，提出初步设计方案。设计方案交用户审核，待意见返回后，再进行施工图设计。期间要与用户多次沟通，在不违背规范规定的前提下最大限度地满足用户要求。

4. 控制系统设计

通过控制系统可以按照操作者所希望的方式保持和改变设备内任何可变的量。想要设计好一个工作站的控制系统，首先应该分析该工作站的工作流程（工艺流程），确定工作站需要的控制输入和反馈输出，再设计人机界面和 I/O 分配表，最后设计主站 PLC 控制程序。

工程师需要掌握 PLC 控制设计、编程方法，熟悉电气元件，熟悉相关机器人的标准，了解各种加工工艺（如铸造、压铸、塑料成型、钣金和焊接），熟练使用 CAD 软件（如Creo、UG、CATIA、Inventor 等）。

5. 仿真

根据设计方案制作出机器人自动化的 3D 动态仿真模拟，检验机器人的可达性，以降低机器人与周边设备发生干涉的风险。

仿真环节是机器人开发过程中系统层和元件层的接口，面向产品功能的性能指标在这里

被转化为面向技术实现的各元件性能参数。

在这个阶段需要对机械系统、电气系统及控制理论的综合知识有深刻的理解，并且需要熟练使用仿真软件。

6. 程序编写与调试

按照3D仿真位置，布置机器人和外围设备，并进行程序编写和模拟运行。最后按照实际现场情况调试和检验，直至符合要求。

此期间应注意遵循设备的安装规范、个人着装规范、电气线缆安装规范等，时刻注意人身安全，保护设备。

7. 系统维护和保养

系统维护是面向系统中各个构成因素的。按照维护对象不同，系统维护的内容可分为以下几类：数据维护、应用程序维护、硬件设备维护及机构与人员的变动。

1）数据库是支撑业务运作的基础平台，需要定期检查其运行状态。业务处理对数据的需求是不断发生变化的，除了系统中主体业务数据的定期正常更新外，还有许多数据需要进行不定期的更新，或随环境或业务的变化进行调整。

2）应用程序维护是系统维护最主要的内容。它是指对相应的应用程序及有关文档进行的修改和完善。系统的业务处理是通过应用程序的运行实现的，一旦程序发生问题或业务发生变化，就必然要对程序进行修改和调整。因此，系统维护的主要工作是对程序进行维护。

3）硬件设备维护主要是指对主机及外设的日常维护和管理，如机器部件的清洗、润滑，设备故障的检修以及易损部件的更换等，这些工作都应由专人负责，定期进行，以保证系统正常、有效地工作。

4）由于人的作用占主导地位，机构和人员的变动往往会影响设备和程序的维护工作。

ROBOT 学习情境2 工业机器人应用系统分类与组成

【思维导图】

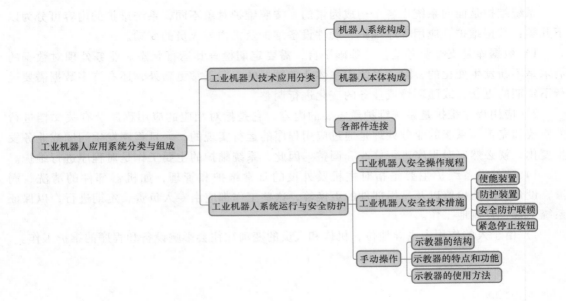

2.1 工业机器人技术应用分类

2.1.1 机器人系统构成

KUKA 工业机器人主要由机械系统、控制系统、示教器（即手持操作和编程器）、系统软件及配套电缆等组成，如图 2-1 所示。其中，机械系统即机器人本体，是机器人的支承基础和执行机构，包括基座、臂部和腕部；控制系统是机器人的大脑，是决定机器人功能和性能的主要因素，主要功能是根据作业指令程序以及从传感器反馈回来的信号控制机器人在工作空间中的运动、姿态和轨迹、操作顺序及动作时间等；示教器是用于机器人的手动操纵、程序编写、参数配置及监控的手持装置。

下面以 KR5-Arc 机器人（图 2-2）为例介绍相关内容。

KR5-Arc 机器人是 KUKA 机器人系列产品中最小的机器人。其 50N 的负载能力尤其适用于完成标准弧焊工作。KR5-Arc 机器人的技术参数见表 2-1。

系统构成

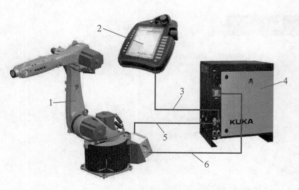

图 2-1 机器人系统构成   图 2-2 KR5-Arc 机器人

1—机器人本体 2—示教器 3—示教器通信线
4—机器人控制器 5—数据交换电缆 6—电动机驱动电缆

表 2-1 KR5-Arc 机器人的技术参数

参数项	数值	参数项	数值
负载	50N	安装位置	地面、天花板
附加负载	120N	控制系统	KR-C4
最大工作范围	1412mm	轴 1 旋转角度	±155°
防护级别	IP54	轴 2 旋转角度	+65°～−180°
版本	焊接版	轴 3 旋转角度	158°～−15°
轴数	6	轴 4 旋转角度	±350°
重复定位精度	±0.04mm	轴 5 旋转角度	±130°
本体质量	127kg	轴 6 旋转角度	±350°

KR5-Arc 机器人的控制器参数如图 2-3 所示。

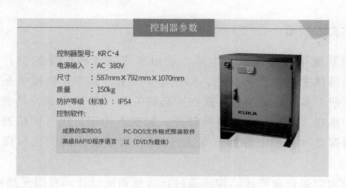

图 2-3 控制器参数

KR5-Arc 机器人的示教器参数如图 2-4 所示。

图2-4 示教器参数

KR5-Arc 机器人的工作范围如图 2-5 所示。

机器人工作范围

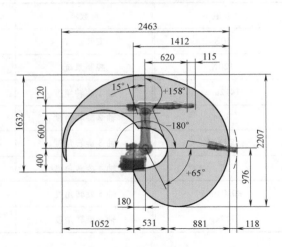

图2-5 KR5-Arc 机器人工作范围

2.1.2 机器人本体构成

机器人的机械系统指的是机器人本体,是用来完成各种作业的执行机构。机械系统包括机械手、足部和法兰,如图2-6所示。其中,机械手是机械系统的主体,一般由多个活动的、连接在一起的关节(轴)组成,具有多个自由度。足部即基座,是机器人的基础部分,起支承作用。法兰即机器人最后一个轴的机械接口(习惯上称为末端执行器),可安装不同的机械操作装置,如夹爪、吸盘等。

机器人本体的构成

机器人本体为太空铝合金铸造结构,通过计算机辅助设计和有限元结构分析可获得性能优异的坚固刚性结构,从而获得最佳的固定负载能力。为减轻结构自重,有些零部件也可使用碳纤维材料。机器人本体关节主要由底座、转盘、连接臂、臂和腕部轴组成,如图2-7所示。

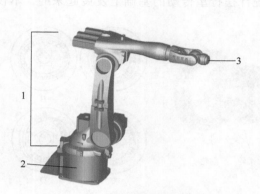

图 2-6 机器人本体组成

1—机械手 2—足部 3—法兰

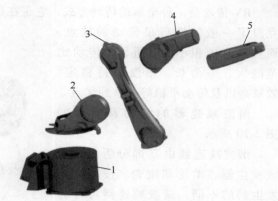

图 2-7 机器人本体关节组成

1—底座 2—转盘 3—连接臂 4—臂 5—腕部轴

机器人运动时，每个关节必须有驱动装置和传动机构，如图 2-8 所示。

驱动装置是向机器人各机械臂提供动力的装置。不同类型的机器人采用的动力源不同，驱动系统的传动方式也不同。驱动系统的传动方式主要有四种：液压式、气压式、电气式和机械式。电气式驱动是目前使用最多的一种驱动方式，其特点是电源取用方便，响应快，驱动力大，信号检测、

图 2-8 驱动装置和传动机构

传递、处理方便，并可以采用多种灵活的控制方式。驱动电动机一般采用步进电动机或伺服电动机，目前也有采用力矩电动机的，但是造价较高，控制也较为复杂。与电动机相配的减速器一般采用谐波减速器、摆线针轮减速器或者行星齿轮减速器。

目前应用于机器人领域的减速器主要有两种：RV 减速器和谐波减速器。在关节型机器人中，RV 减速器具有更高的刚度和回转精度。一般将 RV 减速器放置在机座、大臂或肩部等重负载的位置，而将谐波减速器放置在小臂、腕部或手部位置。RV 减速器的结构及原理如图 2-9 所示。

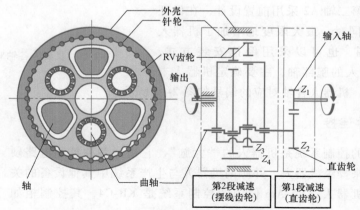

图 2-9 RV 减速器的结构及原理

RV 传动是一种全新的传动方式，它是在传统针摆行星传动的基础上发展起来的，不仅克服了一般针摆行星传动的缺点，而且具有体积小、自重轻、传动比范围大、寿命长、精度保持稳定、效率高以及传动平稳等一系列优点。

谐波减速器的结构及原理如图 2-10 所示。

谐波减速器由三部分组成：谐波发生器、柔轮和刚轮。按照谐波发生器的不同，谐波减速器可分为凸轮式、滚轮式和偏心盘式三种。其工作原理是：通过谐波发生器使

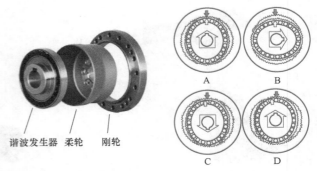

谐波发生器　柔轮　刚轮

图 2-10　谐波减速器的结构及原理

柔轮产生可控的弹性变形，靠柔轮与刚轮啮合来传递动力，并达到减速的目的。其传动比为

$$i = -\frac{z_1}{z_2 - z_1}$$

式中　z_1——柔轮齿数；

　　　z_2——刚轮齿数。

注意：此传动比适合柔轮作为输出轴的情况下。

如图 2-10 所示，当谐波发生器转动一周时，柔轮向相反的方向转动了大约两个齿的角度。谐波减速器传动比大，外形轮廓小，零件数目少且传动效率高。单机传动比可达 50～4000，而传动效率高达 92%～96%。

KR5-Arc 机器人所有轴都采用免维护交流伺服电动机驱动，使用无间隙的传动组件和绝对编码器。从机器人足部到法兰共有 6 个轴，对应的编号分别为 A1、A2、A3、A4、A5、A6。A1～A3 轴为机器人的主轴，主要确定机器人末端在空间的位置，其中，第二轴 A2 采用前置设计，在保证机器人灵活性的同时，最大限度地增加了机器人的有效工作范围，也可以采用倒挂安装方式。A4～A6 轴是机器人的腕部轴，主要确定机器人末端在空间的姿态。机器人各轴对应的编号如图 2-11 所示。

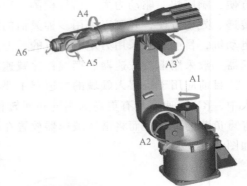

图 2-11　机器人各轴对应的编号

2.1.3　各部件连接

工业机器人的控制系统是机器人的"大脑"，它通过各种控制电路硬件和软件的结合来操纵机器人，并协调机器人与生产系统中其他设备的关系。KUKA 工业机器人 KR5-Arc 使用的控制系统是 KR-C4，其控制柜如图 2-12 所示。

工业机器人
各部件连接

图 2-12　控制柜

为了更好地了解 KR-C4 控制系统，这里罗列了其主要术语，见表 2-2。

表 2-2　KR-C4 控制系统术语表

术语	说明
CCU	Cabinet Control Unit（柜内控制单元）
CSP	Contronic System Panel（控制系统操作面板）
EDS	Electronic Date Storage（电子数据存储卡）
EMD	Electronic Mastering Device（用于机器人零点校准的电子控制装置）
EMC	Electromagnetic Compatibility（电磁兼容性）
KCB	KUKA Controller Bus（KUKA 控制总线）
KCP	KUKA Control Panel（示教器，SmartPAD）
KLI	KUKA Line Interface（KUKA 线路接口）
KOI	KUKA Operator Panel Interface（KUKA 控制面板接口）
KPC	KUKA Control PC（KUKA 控制系统计算机）
KPP	KUKA Power Pack（KUKA 配电箱）
KPL	KUKA Robot Language（KUKA 机器人编程语言）
KSP	KUKA Servo Pack（KUKA 伺服包）
KSB	KUKA System Bus（KUKA 系统总线）
KSI	KUKA Service Interface（KUKA 服务接口）
OPI	Operator Panel Interface（示教器接口，SmartPAD 接口）
PMB	Power Management Board（电源管理板卡）
RCD	Residual Current Device（剩余电流保护断路器，FI）
RDC	Resolver Digital Converter（分解器数字转换器）
SATA	Serial Advanced Technology Attachment（中央处理器与硬盘之间的数据总线）
SIB	Safety Interface Board（用于连接安全信号的接口板）
SION	Safety Input Output Node（安全输入/输出字节）
USB	Universal Serial Bus（用于连接计算机与附加设备的总线系统）
UPS	Uninterrupted Power Supply（不间断电源）
KSS	KUKA System Softwarc（KUKA 系统软件）
KEB	KUKA Extension Bus（KUKA 扩展总线）

1）KUKA 机器人控制柜 KR-C4 正面的元件结构如图 2-13 所示。

2）KUKA 机器人控制柜 KR-C4 背面的元件结构如图 2-14 所示。

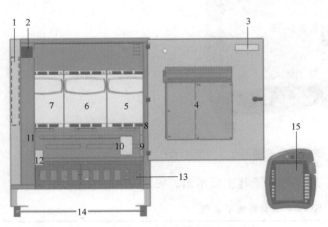

图 2-13　正面的元件结构

1—电源滤波器　2—总开关　3—CSP（操作面板）　4—控制系统
计算机　5—驱动电源（轴 7/8 的驱动调节器）　6—1～3 号轴驱
动调节器　7—4～6 号轴驱动调节器　8—制动滤波器　9—CCU
（控制单元）　10—SIB（连接安全信号的接口板）
11—保险单元　12—蓄电池　13—接线面板
14—滚轮安装组件　15—KUKA SmartPAD（示教器）

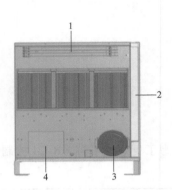

图 2-14　背面的元件结构

1—镇流电阻　2—热交换器
3—外部风扇　4—低压电源件

3）KUKA 机器人控制柜 KR-C4 接线板如图 2-15 所示。

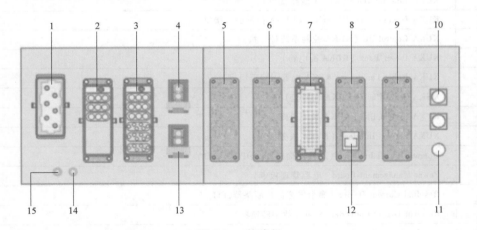

图 2-15　接线板

1—XS1 电源接口　2—X7.1 附加轴电动机接口　3—X20 驱动电动机接口（1～6 轴）　4—选项　5、6、8、9—备用
7—X11 安全回路接口　10—X19 SmartPAD 接口　11—X21 RDC（分解器数字转换器）接口　12—X66
以太网安全接口　13—附加轴 8 电动机接口 X7.2　14—SL1 机械手接地导线　15—SL2 主电源接地导线

4）机器人本体和示教器与控制柜的连接。若要正常使用机器人，需正确连接控制柜与
机器人的电气部分。控制柜与机器人的电气连接插口因机器人型号不同而略有差别，但插口

标签是一样的。KUKA 机器人系统对应连线的接口与说明如下：

① X20-X30：用于连接控制柜接口 X20 和机器人本体接口 X30，为机器人本体的动力线。

② X21-X31：用于连接控制柜接口 X21 和机器人本体接口 X31，为机器人本体的数据线。

③ X19：控制柜上示教器接口，用于接入 KUKA 示教器 SmartPAD。

④ X32：机器人零点校正数据接口，用于接入 KUKA 零点校正工具。

⑤ X11：机器人安全回路接口。控制柜型号不同，其接口接线图也不同。

⑥ X66：机器人以太网安全接口。

机器人本体和控制柜的连接操作步骤如下：

1）将机器人本体 X31 接口与控制柜的 X21 接口用数据电缆相连，如图 2-16 所示。

提示：在取下机器人本体 X31 接口的黑色保护盖时，密封圈易随着保护盖掉出来，需要将密封圈取出并重新放入 X31 接口中。

2）将控制柜内部蓄电池的 X305 接口接到控制柜的控制单元，如图 2-17 所示。

3）将连接控制柜的电源线接入 K1 接口，如图 2-18 所示。

4）将连接示教器的电缆接头插入机器人控制器 X19 接口，如图 2-19 所示。

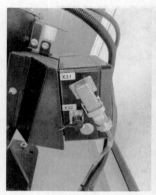 

a)   b)

图 2-16　连接图

图 2-17　控制单元

图 2-18　K1 接口

图 2-19　示教器线缆

5）将控制柜接口 X20 与机器人本体 X30 接口用动力线相连接，如图 2-20 所示。

a)　　　　　　　　　　　　　　　　　b)

图 2-20　接口图

6）将接地电缆一端接入控制柜相应位置，另一端接入机器人工作站小控制柜上，如图 2-21 所示。

7）将接地电缆一端接入机器人本体相应位置，另一端接入机器人工作站小控制柜上，如图 2-22 所示。

 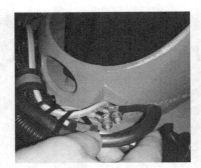

图 2-21　接地（1）　　　　　　　　　　　图 2-22　接地（2）

8）将机器人工作站中的小控制柜接地，以完成整个机器人工作站的接地。最后整理电线，如图 2-23 所示。

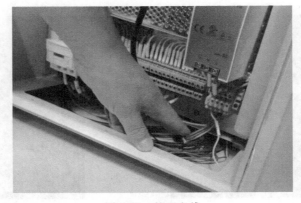

图 2-23　整理电线

2.2 工业机器人系统运行与安全防护

2.2.1 工业机器人安全操作规程

工业机器人在空间动作，其动作范围内的空间便成为危险场所，有可能发生意外事故。因此，设备管理者及从事安装、操作、保养的人员在操作工业机器人期间要注意安全第一，在确保自身的安全及相关人员安全后再进行操作。

工业机器人安全操作规程

有些国家已经颁布了工业机器人安全法规和相应的操作规程，只有经过专门培训的人员才能操作工业机器人。每个机器人的生产厂家在用户使用手册中提供了设备的使用注意事项。操作人员在使用机器人时要严格遵守以下安全操作规程：

1）机器人操作人员必须经过专业培训，必须熟识机器人本体和控制柜上的各种安全警示标识，按照操作要领，手动或自动编程控制机器人动作。

2）必须严格遵照"严禁烟火""高电压""危险""无关人员禁止入内"此类标牌的警示，避免火灾、触电等事故造成人员伤害。

3）人员标准安全着装如图2-24所示，重点注意以下事项：

① 必须穿工作服。

② 操作工业机器人时，不要戴手套。

③ 衬衫、领带不要露在工作服外面。

④ 不要佩戴大耳环、挂饰等。

⑤ 必须穿好安全鞋，戴好安全帽等。

⑥ 不合适的衣服有可能导致人员伤害。

4）机器人设备周围必须设置安全隔离带，必须清洁，做到无油、无水及无杂物。

5）装卸工件前，必须先将机器人运行至安全位置。装卸工件要在关断电源的情况下进行。

6）不要强制扳动、悬吊、骑坐在机器人上，以免发生人员伤害或者设备损坏。

7）严禁倚靠在工业机器人或其他控制柜上，不要随意按动开关或者按钮，以免触发意想不到的动作，造成人员伤害或者设备损坏。

8）不要戴着手套操作机器人示教器。需要手动控制机器人时，应确保机器人动作范围内无任何人员和障碍物，将速度由慢到快逐步调整，避免速度突变造成人员伤害或设备损坏。

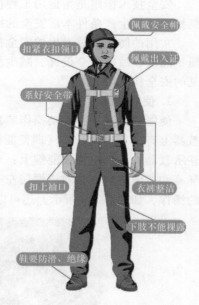

图2-24 标准安全着装

9）执行程序前应确保：机器人工作区域内不得有无关的人员、工具或物品，工件应可靠夹紧并进行确认。

10）机器人动作速度太快，存在危险性，操作人员应负责维护工作站正常运行秩序，严禁非工作人员进入工作区域。

11）在机器人运行过程中，严禁操作人员离开现场，以确保发生意外情况时能得到紧急处理。

12）在机器人工作时，操作人员应注意查看线缆和气路线管状况，防止其缠绕在机器人上。线缆和线管不能严重绕曲成麻花状或与硬物摩擦，以避免内部线芯折断或裸露，引起线路故障。

13）机器人示教器和线缆不能放置在变位机上，应随身携带，或挂在操作位置上。

14）当机器人停止工作时，不要认为其已经完成工作了，因为机器人很可能是在等待让它继续移动的输入信号。

15）因故离开设备工作区前应按下急停按钮，避免突然断电造成关机零位丢失，并将示教器放置在安全位置。

16）工作结束后，应将机器人置于零位位置或安全位置。

17）严禁在控制柜内随便放置配件、工具、杂物或安全帽等，以免影响部分线路，造成设备异常损坏。

18）工作结束后，先清理线缆、杂物和工具，应将设备恢复至初始位置，然后关断电源开关和气源开关，填写操作记录。

2.2.2　工业机器人安全技术措施

安全技术措施是指运用工程技术手段消除不安全因素，实现生产工艺和机械设备等生产条件本质安全的措施。

工业机器人安全技术措施

常用的防止事故发生的安全技术措施有消除危险源、限制能量或危险物质、隔离、故障安全设计、减少故障和失误等。下面列举一些工业机器人常见的安全技术措施。

1. 使能装置

使能装置是一种手动操作装置，仅当其保持在预定位置时才允许机器人运动。KUKA示教器上有三个确认开关（即使能键），可方便不同习惯的人用不同方式拿握示教器。两手握住示教器，四指按在使能键上：对于惯用右手的人来说，则左手手指按下使能键，右手进行屏幕和按钮的操作；对于惯用左手的人来说，则右手手指按下使能键，左手进行屏幕和按钮的操作，如图2-25a所示。还可以采用第二种方式手握KUKA示教器：左手按使能键和启动

a)　　　　　　　　　　　　　　b)

图2-25　示教器握法

键，右手进行屏幕和按钮的操作，如图 2-25b 所示。

使能键是为保证操作人员的人身安全而设置的，只有在按下使能键，并保持在"电动机开启"的状态下，才可对机器人进行手动操作与程序调试。当发生危险时，人会本能地将使能键松开或按紧，机器人则会马上停下来，从而保证操作人员的安全。

KUKA 机器人的使能键分为两档，在手动状态下，第一档按下去（轻轻按下），驱动装置显示状态为字母"I"且六轴代表字母显示为绿色，机器人将处于电动机开启状态，如图 2-26 所示。

第二档按下去以后（用力按下），出现信息提示"安全停止"，机器人就会处于防护装置停止状态。

2. 防护装置

防护装置是通过物理遮挡方式专用于提供防护的机械部件，按其结构不同可分为防护罩、壳、防护屏、栅栏、门、封闭式防护装置和隔栏等。

防护装置是机器人工作时不可缺少的隔离装置。它的作用是防止非机器人操作人员或参观人员进入机器人工作范围内，以免造成人员伤害或财产损失。当操作人员误操作使机器人超出正常工作范围时，可起到警示作用，如图 2-27 所示。

图 2-26　手动档

（1）防护装置的功能

1）防止人体任何部位进入机器人的危险区触及各种运动零部件。

2）防止飞出物的打击、高压液体的意外喷射或防止人体灼烫、腐蚀伤害等。

3）容纳接受可能由机械抛出、掉下、发射的零件及其破坏后的碎片等。

4）在有特殊要求的场合，防护装置还应对电、高温、火、爆炸物、振动、放射物、粉尘、烟雾及噪声等具有特别阻挡、隔绝、密封、吸收或屏蔽作用。

图 2-27　防护装置

（2）防护装置的类型　防护装置可分为单独使用的防护装置（只有当防护装置处于关闭状态才能起防护作用）和与联锁装置联合使用的防护装置（无论防护装置处于任何状态都能起到防护作用）。按使用方式又可分为固定式和活动式两种。

1）固定式防护装置是保持在所需位置关闭或固定不动的防护装置，不用工具不可能将其打开或拆除。

2）活动式防护装置通过机械方法与机器的构架或附近的固定组件相连接，不用工具就能打开。

3. 安全防护联锁

安全防护联锁是防护装置与机器人控制系统、动力系统及辅助设备相互连接的一种配置。将具有关闭功能和监控功能的门触点安装在防护门上，可防止在机器人自动运行模式下人员的误闯进入。

图 2-28 所示为安全门，门触点与控制面板上的安全门确认指示灯共同组成防护装置。当防护门被关闭并按下安全门确认按钮时，指示灯亮起，门触点防护功能被触发；当防护门被打开时，指示灯熄灭，门触点防护功能被关闭，此时触发停止信号，机器人停止运动。

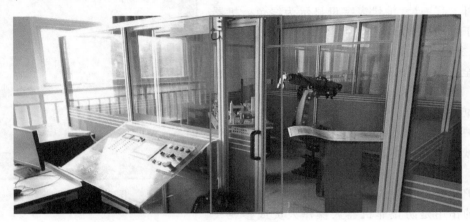

图 2-28　安全门

4. 紧急停止按钮

在出现紧急状况或危险状况时，按下紧急停止按钮可使机器人紧急停止。一般机器人工作站有外部紧急停止按钮和 KCP（KUKA 示教器）紧急停止按钮。

（1）外部紧急停止按钮　外部紧急停止按钮是客户或供应商通过接口的输入端自行连接的安全按钮，以确保即使在 KCP 已拔出的情况下也有紧急停止装置可供使用。其状态一直处于 TRUE 时，机器人才能被操作。图 2-29 所示为外部紧急停止按钮。按下外部紧急停止按钮时，安全控制系统立即关断驱动装置和制动器的供电电源，机器人停止运动。

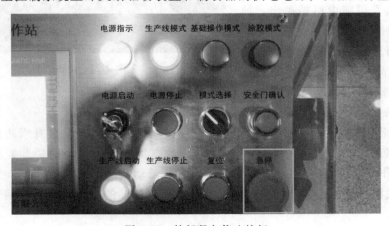

图 2-29　外部紧急停止按钮

（2）KCP 紧急停止按钮　位于 KCP 上的紧急停止按钮如图 2-30 所示。在出现危险情况或紧急情况时必须按下该按钮，安全控制系统会立即关断驱动装置和制动器的电源，机器人停止运动。若欲继续运行工业机器人，则必须旋转紧急停止按钮以将其解锁，然后对停机信息进行确认。

图 2-30　KCP 紧急停止按钮

5. 现场传感装置

现场传感装置可用于探测进入某一区域或空间的任何干涉。

（1）碰撞检测传感器　为了最有效地防止人员伤害，当传感器检测到干涉时，机器人应停止运动并且发出一个明确信号，若没有操作员的干预，机器人不会运动到另一个位置。

（2）轴范围软限位　KUKA 机器人除了用带缓冲器的机械终端止档限位实现物理限定轴范围外，也可通过软限位限定轴范围。若机器人或附加轴在运行中撞到障碍物、机械终端止档装置或轴范围限制处的缓冲器，则会导致机器人系统受损。将机器人系统重新投入运行之前，需联系 KUKA 公司进行更换或重新调试。

（3）安全传感器　安全传感器可用于监测机器人安全工作空间内是否存在物体，例如接近开关，甚至安全光幕所构成的虚拟屏障，在这些外部安全传感器接收到超限的逻辑响应时，会主动激活机器人的安全停止信号，避免机器人与其他物体发生干涉。

2.2.3　手动操作

工业机器人的手动运行是操纵机器人的基础。任何程序的编写、执行都是在手动运行机器人的基础上完成的。示教器是机器人操作员最常使用的工具，机器人的程序编写、手动运行、参数配置及监控都是在示教器上完成的。想要顺利操作机器人，必须了解示教器的结构、特点、功能及使用方法等。

机器人手动操作

1. 示教器的结构

为了方便控制机器人，并进行现场编程和调试，机器人都会配有一个手持编程器，常被称为示教器。KUKA 机器人的手持编程器即 KUKA-Smart PAD，也被称为 KCP，其结构见表 2-3。

2. 示教器的特点和功能

（1）KUKA-Smart PAD 的特点

1）符合人体工学的设计。KUKA-Smart PAD 质量小，结构符合人体工学，有利于高效、舒适地操作。

2）应用广泛。KUKA-Smart PAD 可操作所有配备 KR-C4 控制系统的 KUKA 机器人。

3）防反射触摸屏。通过配备直观操作界面的 8.4 in 高亮大尺寸显示屏，可进行快速简便的操作。即使佩戴防护手套，也可进行安全快速的操作。

4）6D 鼠标。使用 6D 鼠标可使机器人在三个或全部六个自由度中进行直观的笛卡儿式移动和重新定向。

5）八个运行键。通过单独的运行键可直接控制最多八个轴或附加轴，无须来回切换。

表 2-3　示教器结构

图示	结构说明
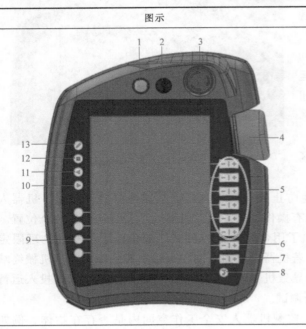	1. 用于拔下 SmartPAD 的按钮 2. 用于调出连接管理器的钥匙开关,可切换运行模式 3. 紧急停止按钮 4. 3D 鼠标,用于手动移动机器人 5. 移动键,用于手动移动机器人 6. 程序运行速度倍率调节键 7. 手动运行速度倍率调节键 8. 主菜单按键 9. 工艺键 10. 启动键,用于启动程序 11. 逆向启动键,用于逆向启动程序 12. 停止键,用于停止程序 13. 键盘按键,用于显示键盘输入
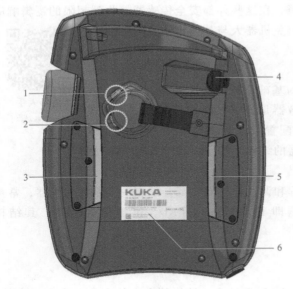	1、3、5—确认开关,分三档:未按下、中间位置、完全按下,在 T1 或 T2 模式下,保持中间位置方可启动机器人 2—【开始】键,可启动程序 4—USB 接口,用于存档、还原等操作。U 盘格式要求为 FAT32 格式 6—型号铭牌

6）多语种。操作和编程界面有多个语种供选择,以实现全球应用。

7）可热插拔。KUKA-Smart PAD 可随时在 KR-C4 控制系统上进行插拔操作。

（2）KUKA-Smart PAD 的功能

1）启动机器人。在远程模式下,操作人员可以通过示教器对机器人进行与开始有关的操作,如接通伺服电源、启动、调出主程序以及设定循环等。

2）示教程序（手动控制机器人）。操作人员可通过示教器按键手动操作机器人,示教器读取和记录操作人员的动作指令,实时将指令发送给控制器,控制机器人的运动并使其实现在线操作。

3）编写程序。在示教模式下，操作人员可通过示教器按键进行程序编码，示教器读取输入的编辑信息，并利用本地编辑器进行编辑和回显；操作人员确认后，示教器将程序发送给控制器。

4）状态监控。从控制器上获取机器人状态信息并显示在示教器显示屏上，实现机器人状态监控。

3. 示教器的使用方法

（1）了解坐标系　坐标系是为确定机器人的位置和姿态而在机器人或空间上进行定义的位置指标系统，如图 2-31 所示。坐标系包含如下几种：

1）世界坐标系：一个固定定义的笛卡儿坐标系，在默认配置中位于机器人足部，与机器人足部坐标系一致。

此外，世界坐标系也可以从机器人的足部"向外移出"，如机器人系统为壁装与吊顶安装时。使用世界坐标系时，机器人的运动始终可预测，且在空间中的工具中心点（TCP）运动始终是唯一的，这是因为原点和坐标方向始终是已知的。对于经过零点标定的机器人始终可用世界坐标系。

2）足部坐标系：一个笛卡儿坐标系，固定位于机器人足部，是机器人的原点。

在默认配置中，足部坐标系与世界坐标系是一致的，是世界坐标系的参照，用足部坐标系可以定义机器人相对于世界坐标系的移动。

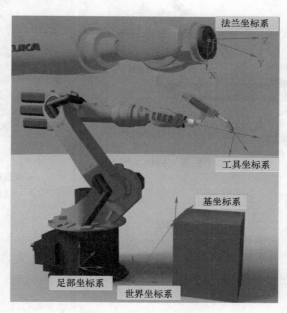

图 2-31　机器人的坐标系

3）法兰坐标系：固定位于机器人的法兰上，其原点位于法兰中心，是工具坐标系的参照点。它是工具的装夹原点（一般常见的法兰坐标系都是 Z 轴朝外，X 轴朝下）。

4）工具坐标系：一个可自由定义、由用户定制的坐标系。工具坐标系的原点被称为工具中心点（Tool Center Point，TCP）。机器人程序支持多个 TCP，可以根据当前工作状态进行变换。机器人工具被更换、重新定义 TCP 后，可以不更改程序，直接运行。

5）基坐标系：固定于工件上的笛卡儿坐标系。编程人员在编制程序时可用该坐标系来确定刀具和程序起点，其原点可由使用人员根据具体情况确定。

如图 2-32 所示，机器人基坐标系由工件原点与坐标方向组成。机器人程序支持多个基坐标系，可以根据当前工作状态进行变换。外部夹具被更换、重新定义基坐标系后，可以不更改程序，直接运行。

（2）示教器的操作界面　示教器的操作界面是人机交互的操作与控制界面（SmartHMI，其中，HMI 即 Human Machine Interface），如图 2-33 所示。

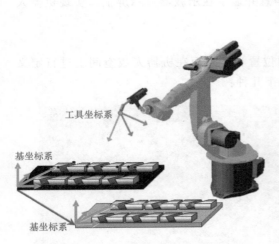

工具坐标系

基坐标系

基坐标系

图 2-32　机器人的极坐标系

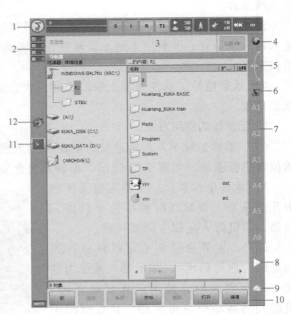

1—状态栏　2—信息提示计数器　3—信息窗口　4—状态显示空

图 2-33　操作界面

间鼠标　5—显示空间鼠标定位　6—状态显示运行键
7—运行键标记　8—程序倍率　9—手动倍率
10—按键栏　11—时钟　12—WorkVisual 图标

1）状态栏：包括机器人运行模式、机器人当前运行的坐标系、程序状态等，如图 2-34 所示。相应的状态栏功能见表 2-4。

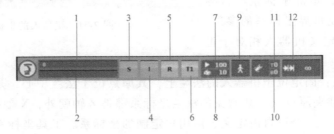

图 2-34　状态栏

表 2-4　状态栏功能

序号	名称	功能
1	机器人名称	显示机器人的名称，可以更改
2	程序名称	显示选择的程序名称
3	提交解释器的状态显示	S 为黄色时，表示选择了提交解释器，语句指针位于所选提交程序的首行；S 为绿色时，表示已选择 SUB 程序并正在运行；S 为红色时，表示提交解释器被停止；S 为灰色时，表示未选择提交解释器
4	驱动装置的状态显示	O 表示各驱动装置未准备就绪，I 表示各驱动装置准备就绪

（续）

序号	名称	功能
5	机器人解释器的状态显示	R 为灰色时，表示未选定程序；R 为黄色时，表示已选定程序且语句指针位于所选程序首行；R 为绿色时，表示所选程序正在运行；R 为红色时，表示选定并启动的程序被暂停；R 为黑色时，表示语句指针位于所选程序的末端
6	运行模式	TI 为手动模式且速度为慢速，$V_{max}=250mm/s$；T2 为手动模式且速度为快速，速度由程序而定；AUT 为自动模式，用于不带上级控制系统的机器人，速度由程序而定；EXT 为外部自动运行模式，用于带上级控制系统（PLC）的工业机器人，速度由程序而定
7	POV	显示当前程序运行速度
8	HOV	显示当前手动运行速度
9	程序运行方式的状态显示	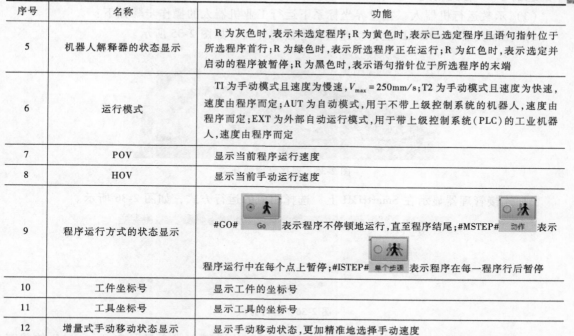 #GO# 表示程序不停顿地运行，直至程序结尾；#MSTEP# 表示程序运行中在每个点上暂停；#ISTEP# 表示程序在每一程序行后暂停
10	工件坐标号	显示工件的坐标号
11	工具坐标号	显示工具的坐标号
12	增量式手动移动状态显示	显示手动移动状态，更加精准地选择手动速度

2）信息提示计数器：显示每种信息类型、各有多少信息提示等待处理，点击可放大显示。

3）信息窗口：根据默认设置将只显示最后一个信息提示，点击可放大该窗口并显示所有待处理的信息，可以被确认的信息可用【OK】键确认，所有信息可以被确认时可用【全部 OK】键一次性全部确认。

4）状态显示空间鼠标：显示用空间鼠标手动运行的当前坐标系，点击就可以显示所有坐标系以供选择。

5）显示空间鼠标定位：点击可打开一个显示空间鼠标当前定位的窗口，在窗口中可以修改定位。

6）状态显示运行键：可显示用运行键手动运行的当前坐标系，点击就可以显示所有坐标系以供选择。

7）运行键标记：如果选择了与轴相关的运行，这里将显示轴号（A1、A2 等），如果选择了笛卡儿式运行，这里将显示坐标系的方向（X、Y、Z、A、B、C），点击标记会显示选择了哪种运行方式。

8）程序倍率：程序运行时增大或减小机器人的运行速度。

9）手动倍率：手动操作时增加或减小机器人的运行速度。

10）按键栏：会动态变化，并总是针对 SmartHMI 上当前激活的窗口，最右侧是按键【编辑】，通过这个按键可以调用导航器的多个指令。

11）时钟：用于显示系统时间，触摸时钟就会以数码形式显示系统时间及当前日期。为了方便进行文件的管理和故障的查阅与管理，在进行各种操作之前要将机器人系统的时间设定为本地时区的时间。

12）WorkVisual 图标：如果项目所属文件丢失，无法打开项目，则图标右下方会显示一个红色的小×，在此情况下，系统的部分功能不可用，如无法打开安全配置功能。

（3）示教运行机器人 在世界坐标系下运行工业机器人的操作步骤如下：

1）在示教器 SmartPAD 上转动连接管理器的开关，如图 2-35 所示。

图 2-35 连接管理器开关

2）连接管理器显示在 SmartHMI 上，选择相应的运行方式，如图 2-36 所示。

图 2-36 运行方式

3）连接管理器的开关再次转回初始位置，所选的运行方式会显示在 SmartPAD 的状态栏中，如图 2-37 所示。

图 2-37 状态栏

4）在示教器上选择"世界坐标系"作为运行键，如图 2-38 所示。

图 2-38 选择坐标系

5）调整手动倍率至合适值，如图 2-39 所示。

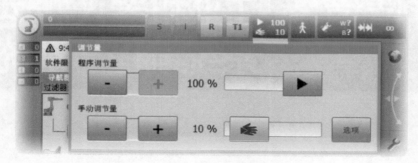

图 2-39　手动倍率

6）按住使能键，然后按下运行键，观察机器人在工具坐标系下的移动方向，如图 2-40 所示。

图 2-40　手动移动

【思维导图】

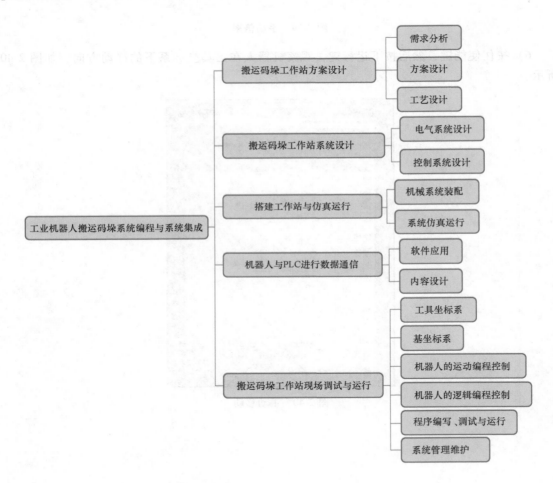

3.1 搬运码垛工作站方案设计

3.1.1 需求分析

一、搬运码垛简介

将货物按照一定的摆放顺序与层次整齐地堆叠称为搬运码垛，如图 3-1

搬运码垛工作
站需求分析

所示。物件的搬运码垛是现实生活中常见的一种作业形式，通常这种作业劳动强度大且具有一定的危险性。目前，国内外正在逐步使用工业机器人替代人工劳动，在提高工作效率的同时，也体现了劳动保护和文明生产的先进程度。

一般来说，搬运码垛工作站是一种集货物搬运、自动装箱等多种功能为一体的高度集成化系统，通常包括工业机器人、控制系统、码垛专用机械手、自动拆/叠机、托盘输送及定位设备等，如图 3-2 所示。有些搬运码垛工作站还配置自动称重、贴标签和检测通信系统，并与生产控制系统相连接，以形成一个完整的集成化包装生产线。

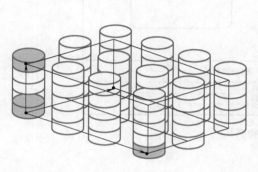

图 3-1　码垛

图 3-2　搬运码垛工作站

二、项目需求

1. 项目背景

某工业机器人设备集成商主要集成 KUKA 机器人点焊系统、弧焊系统、涂胶系统及喷涂系统，主要服务对象是汽车制造企业，今年在原有设备的基础上新增了搬运码垛系统。为了提高公司和品牌知名度，公司准备参加今年在北京举办的工业机器人展览会，公司高层要求研发部门研发用于展示的机器人集成系统。其中，搬运码垛研发组接收到的对于搬运码垛系统的总体要求如下：

1）流程完整性：清晰地展示搬运码垛的整个过程。

2）流程可循环：流程在不需要人的参与下实现循环作业。

3）可操作性：运行模式可切换，码垛工序可选择，操作简单明了。

4）安全性：设置安全措施，尤其是防止设备对人造成伤害。

5）尺寸规格：搬运码垛的展览面积只有 $10m^2$，整个系统的占地面积要符合场地要求。

2. 码垛物料

本项目采用正方体物料块作为需要码垛的货物，其具体的规格如图 3-3 所示。为了有效地防止夹取过程中脱落，在物料块每个表面的中心位置均设计有圆锥形凹槽。

1）尺寸规格：30mm×30mm×30mm。

2）圆锥顶角：90°。

3）圆锥底面直径：8mm。

4）材质：1060 铝。

5）质量：0.071kg。

6）表面工艺处理：本色氧化。

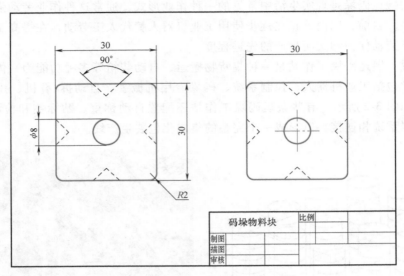

图 3-3　码垛物料块

3. 码垛要求

一般在实际生产中码垛完成的货物需要进行统一的包装和装箱，所以每个垛中货物的行数、列数、层数及间隔必须保持一致。现要求将上述码垛物料码放成 2 行 3 列 1 层，每个物料之间的距离为 20mm，如图 3-4 所示。

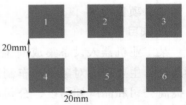

图 3-4　码垛摆放方式

三、项目分析

1. 主要组成

搬运码垛工作站规划由 KUKA 搬运码垛机器人、搬运专用末端执行器、码垛工作台、高压气体系统和控制系统组成。

2. 主要功能

1）搬运码垛工作站需要设计自动和手动两种模式，可在自动模式下完成搬运码垛与卸垛的循环运行。

2）设置安全门防护装置，在自动模式下一旦安全门开启，系统立即停止运行。

3）设备的总占地面积控制在 9m^2，正方形布置。

3.1.2　方案设计

一、工作台设计

1. 三维模型

码垛方案和工艺设计

三维模型可以由 SolidWorks 等工程制图软件进行制作。工作台设计有码垛平台、物料传送装置和卸垛平台（即未经搬运的物料的存放平台），如图 3-5 所示。

码垛平台根据码垛要求设计成平板式，有 6 个码放坑，设置为 2 行 3 列，码放坑尺寸为 31mm×31mm×5mm，间距为 19mm。为了减少设计和制造成本，卸垛平台可以与码垛平台一致。

注意：码放坑的尺寸要大于物料尺寸，以避免因搬运产生的位置误差而造成物料无法入坑的情况。

三维模型设计定型后可以直接导出二维平面图样，再经过 AutoCAD 等绘图软件进行平面优化。

未经搬运的物料存放于卸垛平台上，由搬运码垛机器人搬运至传送装置的料井中，再经由传送带传送至靠近码垛平台的一端，最后由搬运码垛机器人码放至码垛平台上。

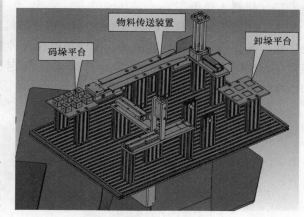

图 3-5 工作台设计样例

注意：设计传送带的意义在于实际生产中两个平台距离较远，机器人工作范围有限，无法同时兼顾。传送带上一般会设置检测装置，用于筛选残次货物等。这样的设计更加贴近实际。

2. 二维图样

二维图样包含了工作台所有零部件的尺寸信息及加工工艺要求，其中，第一页包含对工作台各部分组件的名称以及型号、材料、数量等的说明，如图 3-6 所示。

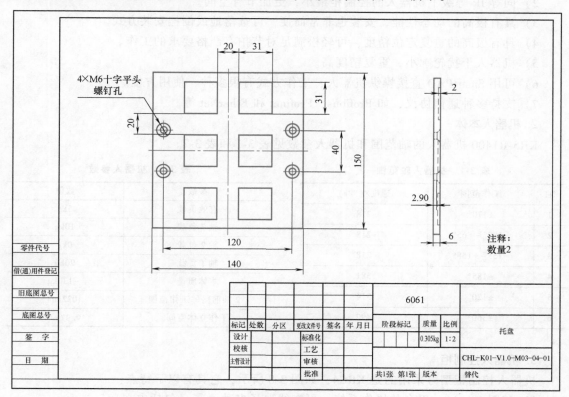

图 3-6 工作台码垛平台工程图

二、机器人选型

本工作站采用的是 KUKA KR5-R1400 型号的机器人，它是一款 6 轴机器人，体积小巧、速度快、精度高、动态性能极佳，能轻松胜任各种要求严苛的工作。无论是落地安装还是倒挂安装，KR5-R1400 机器人都具有极高的重复定位精度，可以迅速且有效地完成工作。KR5-R1400 机器人系统如图 3-7 所示。

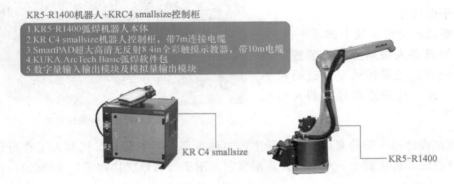

KR5-R1400机器人+KRC4 smallsize控制柜
1. KR5-R1400弧焊机器人本体
2. KR C4 smallsize机器人控制柜，带7m连接电缆
3. SmartPAD超大高清无反射8.4in全彩触摸示教器，带10m电缆
4. KUKA.ArcTech Basic弧焊软件包
5. 数字量输入输出模块及模拟量输出模块

KR C4 smallsize

KR5-R1400

图 3-7　KR5-R1400 机器人系统

1. KR5-R1400 机器人的特点

1）运行快，自重轻，工作范围大。

2）同等 IP 等级下机器人的控制柜最小，更加节省空间。

3）具有极高的动态性能，安装也非常简便，可选落地或倒挂安装方式。

4）具有极高的重复定位精度，可轻松满足对节拍有严格要求的工作。

5）机器人干扰轮廓小，重复精度高。

6）可用 SmartPAD 直接操纵机器人，工作方式有很多种，使用方便。

7）支持多种通信协议，如 Profibus、Profinet 和 EtherNet 等。

2. 机器人本体

KR5-R1400 机器人的轴范围和机器人参数见表 3-1 和表 3-2。

表 3-1　机器人轴范围

轴	工作范围	速度/(°/s)
1	±170°	218
2	−180°～+65°	218
3	−15°～+158°	218
4	±185°	381
5	±120°	314
6	±360°	492

表 3-2　机器人参数

参数	数值
有效负载	5kg
轴 3 负载	10kg
轴 2 负载	0kg
轴 1 负载	20kg
本体质量	~130kg
A2 轴前面的工作范围	1022mm
工作立体空间	9.97m³

3. 机器人控制柜

机器人控制柜型号采用的是 KRC4，如图 3-8 所示，它具有以下特点：

1）基于 Windows 平台的操作系统，可在线选择多种语言（包括中文）。

2）支持多种标准工业控制总线，包括 Interbus、Profibus、Devicenet、Canbus、Control-net、EtherNet 和 Remote I/O 等。

3）标准的 ISA、PCI 插槽，方便扩展。可直接插入各种标准调制解调器（Modem）接入高速 Internet，实现远程监控和诊断。

4）采用高级语言编程。

5）标准的控制软件功能包，可适应于各种应用。

6）6D 空间鼠标，方便运动轨迹的示教。

7）断电自动重启，不需要重新进入程序。

8）系统设有示波器功能，可方便进行错误诊断和系统优化。

9）软件可自动更新和升级。

4. 示教器

KUKA 示教器如图 3-9 所示，具有以下特点：

1）LCD 彩显，VGA 模式，640×480 像素，256 色。

2）6D 空间鼠标，外加键盘运动控制。示教过程简单，易于安全操作。

3）四种工作模式，可根据实际需要任意选择，通过 Canbus 与 PC 通信，实时性更强。

4）能恢复程序。

5）支持 USB 储存器。

6）带时间标记登录。

7）支持远程服务。

图 3-8　控制柜　　　　　　　　　　　图 3-9　示教器

三、夹具设计

1. 三维模型

在对物料搬运机械手进行设计时，必须根据机械手所要完成的动作选择合适的结构，并确定工作时序。应明确机械手搬运的物料质量和要满足的精度，进而确定机械手运动控制的要求，并且在兼顾通用性和专用性的同时，要尽量选用已经定型的标准组件，以实现机械手的模块化。

本工作站夹具（图 3-10）是为物料块设计制造的，夹爪上的卡销能与物料块上的卡槽配

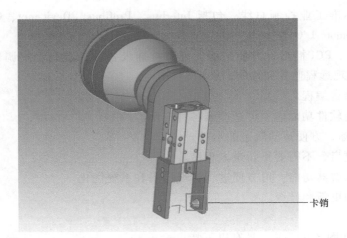

卡销

图 3-10　夹爪三维模型图

合，起固定作用；夹爪的气动装置是根据物料块的尺寸设计的，能使其更好地夹取物料块。

2. 二维图样

如图 3-11 所示，按照设计的夹爪尺寸绘制夹爪的主视图、左视图和俯视图并标明尺寸。

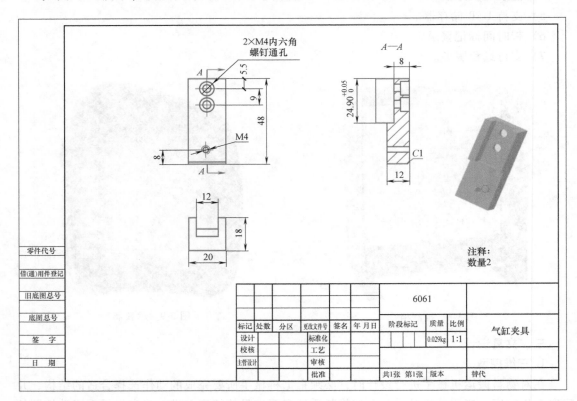

图 3-11　夹爪工程图

1）需要夹紧的物料尺寸为 30mm×30mm×30mm。

2）放松动作时，两个夹爪间的距离可调（32~42mm）。

3）抓持速度为1m/s。

4）工件质量为10kg。

5）采用高压气体驱动。

四、PLC 选型

SIEMENS-S7-1200 可编程逻辑控制器（Programmable Logic Controller，PLC）提供了控制各种设备，以满足自动化需要的灵活性和强大功能。SIEMENS-S7-1200 设计紧凑、组态灵活且具有功能强大的指令集，这些特点使它成为各种控制应用的完美解决方案。

CPU 提供了一个 Profinet 端口，用于通过 Profinet 进行网络通信。还可使用通信模块通过 RS485 或 RS232 接口进行网络通信。SIE-MENS-S7-1200 的 CPU 的硬件接口如图 3-12 所示。

不同的 CPU 型号提供了不同的特征和功能，这些特征和功能可帮助用户针对不同的应用创建有效的解决方案，见表 3-3。本工作站选用的 CPU 型号为 1215C。

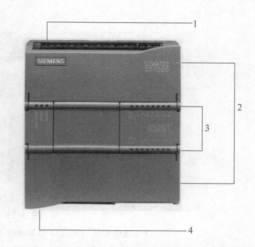

图 3-12　SIEMENS-S7-1200 的 CPU 硬件接口
1—电源接口　2—可拆卸的用户接线连接器（保护盖下面）　3—板载 I/O 状态 LED　4—Profinet 连接器

表 3-3　不同 CPU 型号的特征和功能

特征		CPU 1211C	CPU 1212C	CPU 1214C	CPU 1215C	CPU 1217C
物理尺寸		90mm×100mm×75mm		110mm×100mm×75mm	130mm×100mm×75mm	150mm×100mm×75mm
用户存储器	工作	50KB	75KB	100KB	125KB	150KB
	负载	1MB	2MB	4MB		
	保持性	10KB				
本地板载 I/O	数字量	6 个输入，4 个输出	8 个输入，6 个输出	14 个输入，10 个输出		
	模拟量	2 路输入			2 点输入；2 点输出	
过程映像大小	输入（I）	1024B				
	输出（O）	1024B				
位存储器（M）		4096B		8192B		
信号模块（SM）扩展		无	2	8		
信号板（SB）、电池板（BB）或通信板（CB）		1				
通信模块（CM）		3				
脉冲输出	总计	最多可组态 4 个使用任意内置或 SB 输出的脉冲输出				
	1MHz	—				Qa. 0 ~ Qa. 3
	100kHz	Qa. 0 ~ Qa. 3				Qa. 4 ~ Qb. 1
	20kHz	—	Qa. 4 ~ Qa. 5	Qa. 4 ~ Qb. 1		—
存储卡		SIMATIC 存储卡（选件）				
Profinet 以太网通信端口		1		2		
实数运算执行速度		2.3μs/指令				
布尔运算执行速度		0.08μs/指令				

SIEMENS-S7-1200 提供了各种模块和插入式模块，用于通过附加 I/O 或其他通信协议来扩展 CPU 的功能，如图 3-13 所示。

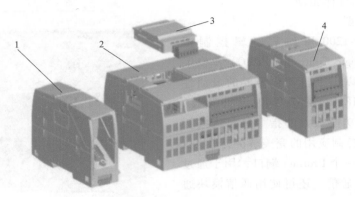

图 3-13　CPU 扩展

1—通信模块（RS232 和 RS485 连接）　2—CPU（PLC 处理器核心）
3—信号板（为 CPU 增加 I/O）　4—信号模块（为 CPU 增加其他功能）

五、触摸屏选型

西门子 SIMATIC-HMI-Comfort-Panel 控制面板配备高分辨率、高对比度的显示屏，可带有触摸屏控制，可现场进行选择控制。利用人机交互的界面，操作者可通过触摸屏输入 PLC 所需变量，进而控制码垛机器人，其面板非常坚固耐用，可以在最恶劣的生产环境下工作。SI-MATIC-HMI-Comfort-Panel 控制面板系列可配有 4~12in 宽屏。图 3-14 所示为西门子 HMI TP700 精致版。

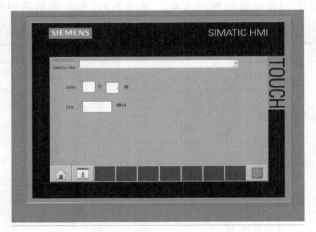

图 3-14　西门子 HMI TP700 精致版

六、工作站主要参数

搬运码垛工作站整体方案如图 3-15 所示，除工业机器人和工作台以外，还配有高压气体系统（包括空压机、储气瓶、电磁阀和管路系统）和系统控制面板。其中，高压气体系统参数如下：

1）输入电源：AC 220（1±10%）V（单相三线）。

2）整体功率：<5kVA。

3）气源压力：0.8MPa。

4）工作环境：温度−5~+40℃；湿度<85%（25℃）；海拔<4000m。

5）安全保护：具有漏电保护，安全符合国家标准。

工作台和机器人配合实现搬运码垛整个工艺流程并可循环；系统控制面板实现系统的启停、工艺选择等操作，使操作简化；安全格栅和安全门实现对人员的保护；整个工作站占地 9m^2。

图 3-15 搬运码垛工作站整体方案

搬运码垛工作站集成材料清单见表 3-4。

表 3-4 搬运码垛工作站集成材料清单

编号	主要零部件名称	规格型号	数量
1	机器人	KR5-R1400	1
2	机械加工件	按图样	1
3	亚克力控制盒		1
4	不锈钢控制面板		1
5	防护屋	3m×3m×2m	1
6	空压机	24L,0.8MPa	1
7	步进电动机+固定座	15W	1
8	联轴器	8 转 8	1
9	滑阀	HSV08	1
10	气动三联件	GFC200-08	1
11	电磁阀	4V110-M5B	5
12	汇流板	100M5F	1
13	气缸（配磁开关、调速接头）	TN10-100S	2
14	气缸（配磁开关、调速接头）	TN10-50S	1
15	气缸（配磁开关、调速接头）	MD16-50S	1
16	感应开关	CS1J020	8
17	接头	X-ASL4M5	8
18	防撞传感器	KS-2—MIG	1
19	气动夹爪	MHZL2-20D	1
20	PLC	CP1E-E40SDR-A	1

（续）

编号	主要零部件名称	规格型号	数量
21	断路器	DZ47LE-32 2P C25	1
22	断路器	DZ47LE-60 2P C16	1
23	断路器	DZ47LE-60 2P C3	1
24	熔断器	RT14-20 2A	1
25	熔断器	底座 RT28N-32X 1P	1
26	信号灯	ND16	5
27	两档旋钮		1
28	按钮	NP2-BA31	4
29	对射光电	E3FA-TN11	1
30	光电开关	E3Z-D61	1
31	光纤放大器	E3X-NA11	1
32	光纤	E32-2D-200E	1
33	光电开关	E32-D61	1
34	防水盒	10 对端子	2
35	耗材（螺钉、笔、线缆、工具等）		1

3.1.3 工艺设计

1. 搬运码垛的总体流程

机器人握持搬运夹具，从卸垛平台夹取物料投放至料井中，每投放一个物料后，由传送带传送至另一端，机器人从传送带上夹取物料码放至码垛平台上，循环 6 次。搬运码垛总体路线如图 3-16 所示。

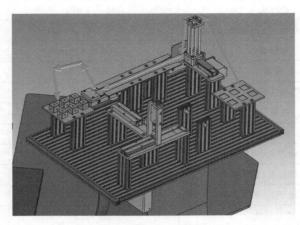

图 3-16　搬运码垛总体路线

2. 取料顺序与码放顺序

本工作站的搬运码垛顺序如图 3-17 所示。图中的数字 1~6 是指机器人搬运和码垛的排布位置，其中数字相同的是代表同一物料块从卸垛区到堆垛区的物料位置。

图 3-17 搬运码垛工序

码垛工序是从 1 到 6，机器人依次对数字位置上的物料块进行搬运码垛，具体说明见表 3-5。

表 3-5 码垛工序

工序	图示
工序 1：从卸垛区的 1 号位置到堆垛区的 1 号位置的路径	
工序 2：从卸垛区的 2 号位置到堆垛区的 2 号位置的路径	
工序 3：从卸垛区的 3 号位置到堆垛区的 3 号位置的路径	

（续）

工序	图示
工序4：从卸垛区的4号位置到堆垛区的4号位置的路径	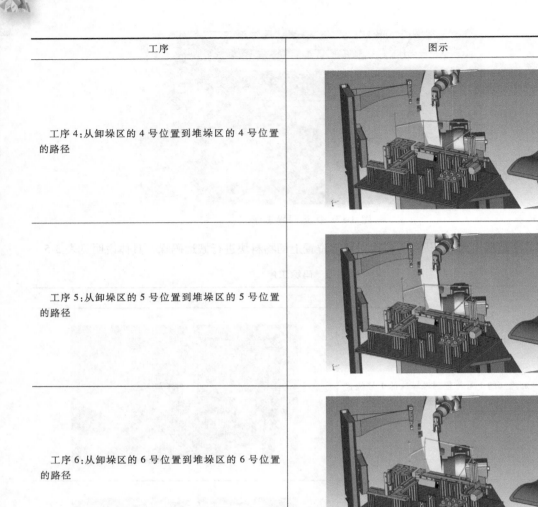
工序5：从卸垛区的5号位置到堆垛区的5号位置的路径	
工序6：从卸垛区的6号位置到堆垛区的6号位置的路径	

3.2 搬运码垛工作站系统设计

3.2.1 电气系统设计

一、供电方案设计

主电路电源采用单相三线制 AC 220V，如图 3-18 所示。其中 L 为相线，N 为零线，PE 为地线，使用金属端面直径为 2.5mm 的电线。

1）QS1 为隔离保护开关，其最大允许电流为 25A。

2）电源启动电路采用"起保停"设计，控制主电路 KM1 的通断。

3）电源指示灯用于指示主电路是否通电。

4）24V 电源模块通过 QF1 开关与主电路相连，将 AC 220V 转换成 DC 24V，为 PLC、

码垛电气系统设计

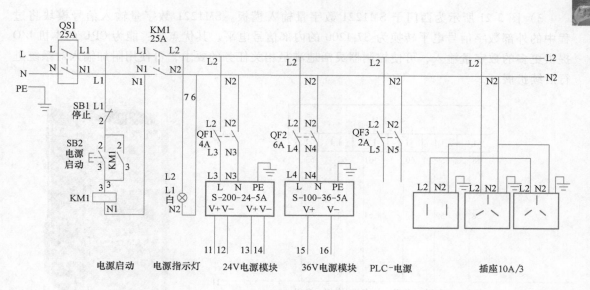

图 3-18　供电方案

触摸屏等设备供电。

5）36V 电源模块通过 QF2 开关与主电路相连，将 AC 220V 转换成 DC 36V，为 PLC、触摸屏等设备供电。

6）通过 QF3，直接将 AC 220V 供给机器人、空压机及控制信号继电器等设备。

7）设置 AC 220V 插座，以便其他设备使用，最大允许电流为 10A。

二、控制电路设计

1）西门子 PLC 的输入模块 I0 信号板的 I0.0~I0.7 定义接收信号为自动线启动、自动线停止、自动线复位、示教模式、自动线模式、喷涂模式、门禁光电接近和门禁确认，如图 3-19 所示。

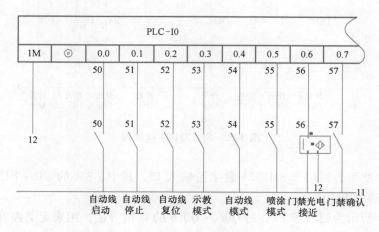

图 3-19　PLC 的输入模块 I0 接线图

2）西门子 PLC 的 I0 信号板的 I1.0~I1.5 用来作为备用信号，如图 3-20 所示。

3）图 3-21 所示为西门子 SM1221 数字量输入模板。SM1221 数字量输入信号模块将过程中的外部数字信号电平转换为 S7-1200 的内部信号电平。其优点是：能为 CPU 的本机 I/O 提供更多的数字量输入，可使控制器灵活地满足相关任务的要求，可使用附加输入对系统进行后续扩展。

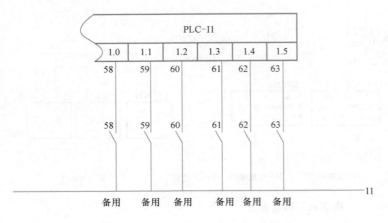

图 3-20　PLC 输入模块 I1 接线图

图 3-21　西门子 SM1221
数字量输入模板

4）图 3-22 所示为西门子 SM1221 数字量输入模板的 I4 信号板。其中，1M 的 DI0～DI3、2M 的 DI4～DI7 分别作为开关 DI1～DI8。

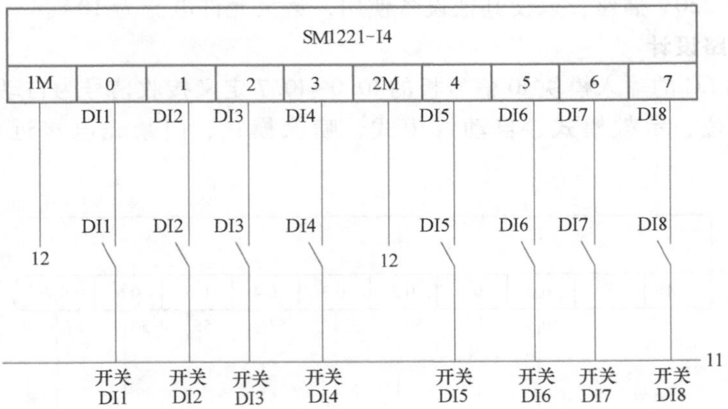

图 3-22　SM1221-I4 接线图

5）图 3-23 所示为西门子 SM1221 数字量输入 I5。其中，3M 的 DI0～DI3、4M 的 DI4～DI7 分别作为开关 DI9～DI16。

6）图 3-24 所示为西门子 PLC 的 Q0.0～Q0.6 的 Q 信号板，用来定义控制信号：电动机脉冲、电动机方向、基本操作指示灯、自动线指示灯和喷涂指示灯。

7）图 3-25 所示为西门子 PLC 的 Q0.7～Q1.1 的输出接线，用来定义控制信号：自动线启动指示灯、门禁确认指示灯、报警。

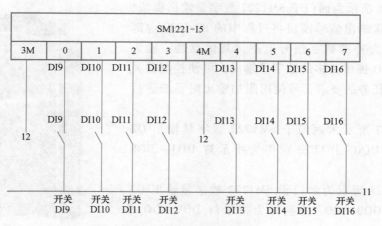

图 3-23　SM1221-I5 接线图

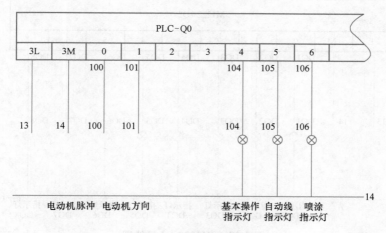

图 3-24　PLC-Q0 接线图

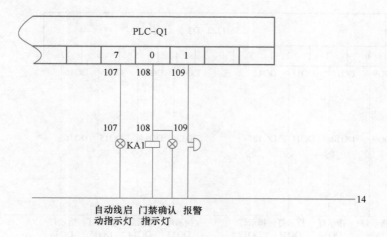

图 3-25　PLC-Q1 接线图

8）图 3-26 所示为西门子 SM1222 数字量输出模块。SM 1222 数字量输出信号模块将过程中的 S7-1200 内部信号电平转换为外部数字信号电平。其优点是：能为 CPU 的本机 I/O 提供更多的数字量输出，可使控制器灵活地满足相关任务的要求，可使用附加输出对系统进行后续扩展。

9）图 3-27 所示为西门子 SM1222 数字量输出 Q2 接线。其中，DO0 ~ DO7 分别作为指示灯 DO1 ~ DO8 信号。

10）图 3-28 所示为西门子 SM1222 数字量输出 Q3 接线。其中，DO0 ~ DO7 分别作为指示灯 DO9 ~ DO16 信号。

图 3-26　西门子 SM1222 数字量输出模块

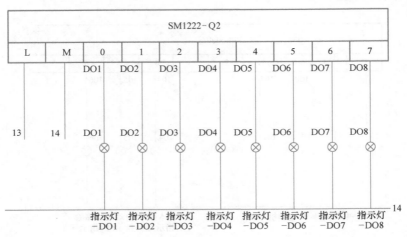

图 3-27　SM1222-Q2 接线图

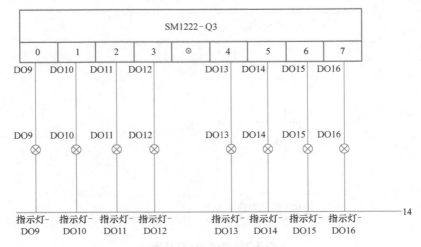

图 3-28　SM1222-Q3 接线图

11）图 3-29 所示为西门子 SM1221 数字量输入模板的 I2 接线。其中，1M 的 I2.0 作为物料检测信号，I2.1 作为送料前限位信号，I2.2 作为送料后限位信号，I2.3 作为物料到达信号；2M 的 I2.4 作为冲压 1#前限位信号，I2.5 作为冲压 1#后限位信号，I2.6 作为冲压 2#前限位信号，I2.7 作为冲压 2#后限位信号。

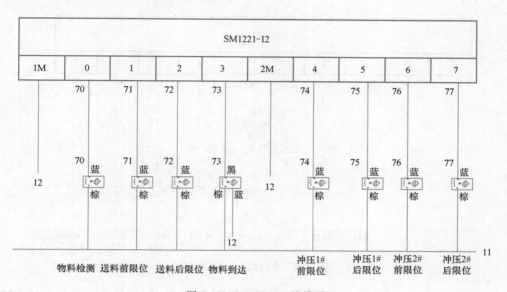

图 3-29 SM1221-I2 接线图

12）图 3-30 所示为西门子 SM1221 数字量输入模板的 I3 接线。其中，3M 的 I3.0 作为冲压 3#前限位信号，I3.1 作为冲压 3#后限位信号，I3.2 作为检测到冲压物料信号，I3.3 作为物料冲压完成信号；4M 的 I3.4 作为物料检验信号，I3.5 作为安全区检测信号，I3.6 和 I3.7 作为备用信号。

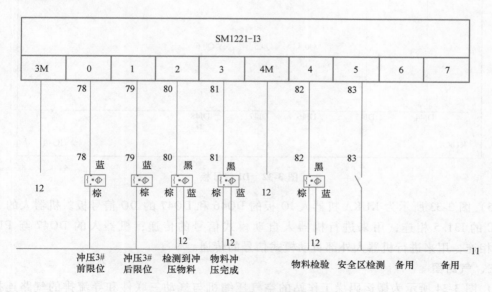

图 3-30 SM1221-I3 接线图

13）图 3-31 所示为西门子 SM1222 数字量输出模板的 Q4 接线。其中，Q4.0 作为三色灯的黄灯信号，Q4.1 作为三色灯的绿灯信号，Q4.2 作为三色灯的红灯信号，Q4.3 作为送料气缸信号，Q4.4 作为冲压 1#气缸信号，Q4.5 作为冲压 2#气缸信号，Q4.6 作为冲压 3#气缸信号，Q4.7 作为机器人气爪信号。

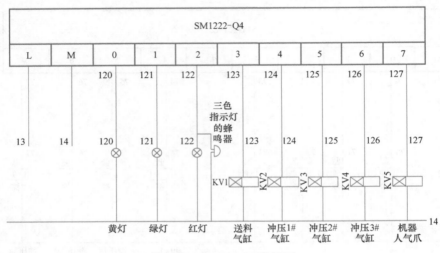

图 3-31 SM1222-Q4 接线图

14）图 3-32 所示为 KUKA 机器人 IO 板的 DI44～DI48 的 DI 信号板。机器人的 DI46 与 PLC 的 Q0.4 相连，用来进行自动线信号的传递；机器人的 DI47 与 PLC 的 Q0.5 相连，用来进行示教信号的传递；机器人的 DI48 与 PLC 的 Q0.6 相连，用来进行喷涂信号的传递。

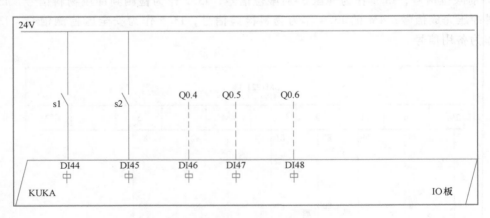

图 3-32 DI 信号板

15）图 3-33 所示为 KUKA 机器人 IO 板的 DO46 和 DO47 的 DO 信号板。机器人的 DO46 与 PLC 的 I31.5 相连，用来进行机器人自动模式信号的传递；机器人的 DO47 与 PLC 的 I31.6 相连，用来进行机器人外部自动模式信号的传递。

三、气路图

1）图 3-34 所示为搬运码垛工作站的空气压缩机与气动三联件和导流排的气路连接图。该气路用来实现工作站中所有气动装置的动作。

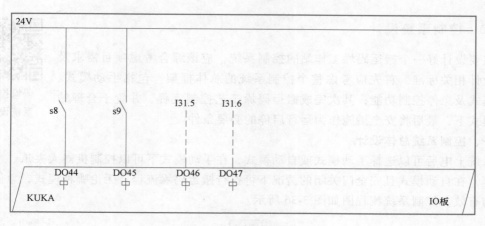

图 3-33　DO 信号板

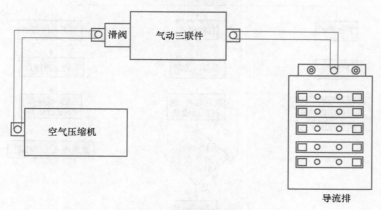

图 3-34　气路连接图（1）

2）图 3-35 所示为搬运码垛工作站的导流排与送料气缸、冲压气缸和机器人气爪的气路连接图。该气路用来实现工作站中的送料气缸、冲压气缸和机器人气爪的正确动作。

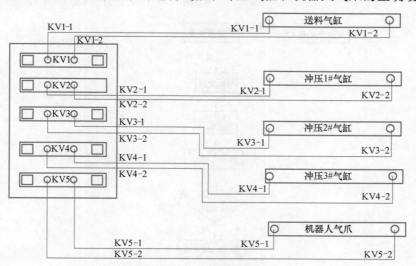

图 3-35　气路连接图（2）

3.2.2 控制系统设计

想要设计好一个搬运码垛工作站的控制系统，应该综合考虑项目需求及工业设计相关标准。首先应考虑整个控制系统的总体框架，包括手动模式、自动模式及急停控制功能；其次完成搬运码垛工艺控制流程，并置于合理的运行模式下；最后将安全措施作为运行启停的必要条件。

码垛控制
系统设计

一、控制系统总体设计

系统上电后可以选择手动模式或自动模式，在手动模式下可以控制机器人夹爪、传送带起停等，在自动模式且安全门关闭的情况下可执行搬运码垛流程。无论哪种模式，急停控制功能均有效。控制系统流程图如图 3-36 所示。

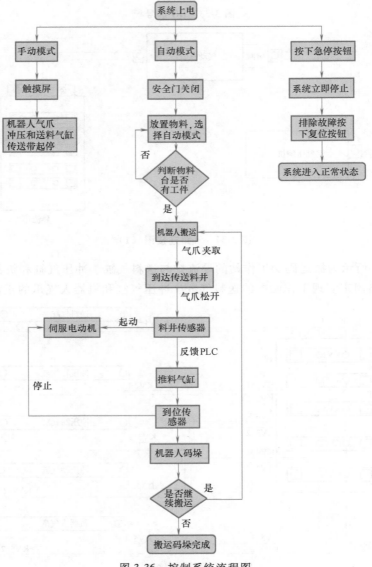

图 3-36 控制系统流程图

二、操作面板设计

1. 操作按钮

搬运码垛的控制按钮是一种常用的控制电器元件，常用来接通或断开控制电路（其中电流很小），从而控制步进电动机或其他气动设备的运行。控制面板按钮设计如图 3-37 所示。

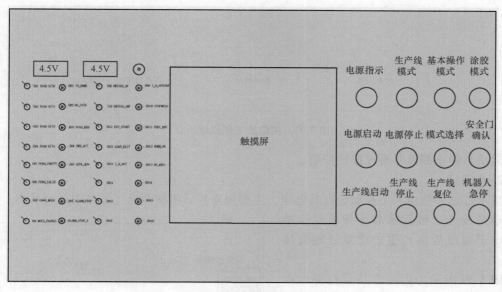

图 3-37 控制面板按钮设计

（1）指示灯

1）电源指示：表示系统通电。

2）生产线模式：表示当前处于自动模式。

3）基本操作模式：表示当前处于手动模式。

4）涂胶模式：表示当前处于涂胶任务运行模式。

（2）操作按钮

1）电源启动/停止：系统上电/断电。

2）模式选择：切换自动/手动模式。

3）安全门确认：自动运行模式下确认安全门关闭。

4）生产线启动/停止：自动模式运行启动/停止。

5）生产线复位：信号复位。

6）机器人急停：机器人紧急停止。

按钮是一种由人工控制的主令电器，主要用来发送操作命令、接通或断开控制电路、控制机械与电气设备的运行。按钮的工作原理很简单，如图 3-38 所示。

对于常开触点，在按钮未被按下前，电路是断开的，按下按钮后，常开触点被连通，电路也被接通；对于常闭触点，在按钮未被按下前，触点是闭合的，按下按钮后，触点被断开，电路也被断开。基于控制电路工作的需要，一只按钮还可带有多对同时动作的触点。

在搬运码垛工作站上，系统的启动与停机、步进电动机的起停、系统的复位与急停、气

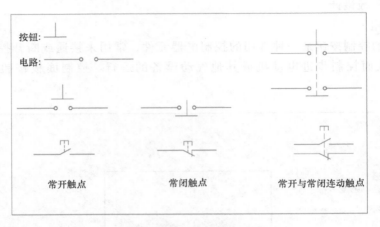

图 3-38　按钮的工作原理示意

泵的起动与停止都需要通过按钮控制。

2. 指示灯

指示灯是一种由人工控制的灯具电器，主要用来显示机械与电气设备的运行状态。其工作原理是发光二极管依靠半导体异质结中的电子通过势垒产生的能量迁越直接发光。

图 3-39 所示为由三个指示灯并联而成的电路。采用并联的方法可以隔绝指示灯之间的相互影响。

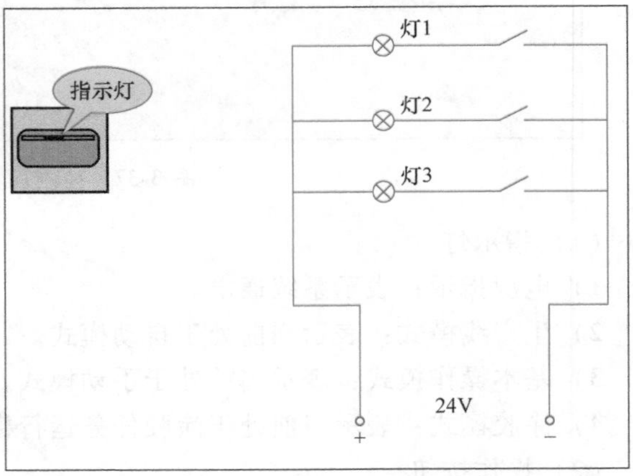

三、I/O 信号分配

I/O 信号分配就是将每一个输入设备对应一个 PLC 的输入点，将每一个输出设备对应一个 PLC 的输出点。为了应用 PLC 编程，将 I/O 分配后形成一张 I/O 分配表，明确表明输入/输出设备、它们各起的作用、对应 PLC 的信号输入/输出点，

图 3-39　指示灯电路示意

这就是 PLC 的 I/O 分配。搬运码垛工作站 PLC 分配表（输入）见表 3-6。PLC 输出见表 3-7。

表 3-6　搬运码垛工作站 PLC 分配表（输入）

名称	作用	输入点	名称	作用	输入点
自动线启动	启动系统	I0.0	门禁接近	接近门禁检测	I0.6
自动线停止	停止系统	I0.1	门禁确认	确认门禁检测	I0.7
自动线复位	复位系统	I0.2	料井有无物料	物料检测	I2.0
示教	示教	I0.3	送料前限位	送料气缸置1	I2.1
自动线模式	自动线	I0.4	送料后限位	送料气缸置0	I2.2
喷涂模式	喷涂	I0.5	物料达到	传送带位置检测	I2.3

（续）

名称	作用	输入点	名称	作用	输入点
冲压1#前限位	冲压1#置1	I2.4	机器人信号-DI6	机器人交互信号	I4.5
冲压1#后限位	冲压1#置0	I2.5	机器人信号-DI7	机器人交互信号	I4.6
冲压2#前限位	冲压2#置1	I2.6	机器人信号-DI8	机器人交互信号	I4.7
冲压2#后限位	冲压2#置0	I2.7	机器人信号-DI9	机器人交互信号	I5.0
冲压3#前限位	冲压3#置1	I3.0	机器人信号-DI10	机器人交互信号	I5.1
冲压3#后限位	冲压3#置0	I3.1	机器人信号-DI11	机器人交互信号	I5.2
冲压前检测	物料冲压前检测	I3.2	机器人信号-DI12	机器人交互信号	I5.3
物料冲压完成	物料冲压完成检测	I3.3	机器人信号-DI13	机器人交互信号	I5.4
物料检验	检验物料	I3.4	机器人信号-DI14	机器人交互信号	I5.5
机器人信号-DI1	机器人交互信号	I4.0	机器人信号-DI15	机器人交互信号	I5.6
机器人信号-DI2	机器人交互信号	I4.1	机器人信号-DI16	机器人交互信号	I5.7
机器人信号-DI3	机器人交互信号	I4.2	机器人自动模式	机器人自动运行	I31.5
机器人信号-DI4	机器人交互信号	I4.3	机器人外部自动模式	机器人外部自动运行	I31.6
机器人信号-DI5	机器人交互信号	I4.4	安全区检测	检测安全区（门禁开关）	I31.7

表 3-7　搬运码垛工作站 PLC 分配表（输出）

名称	作用	输出点	名称	作用	输出点
步进电动机脉冲	电动机脉冲	Q0.0	机器人信号 DO8	机器人交互信号	Q2.7
步进电动机方向	电动机方向	Q0.1	机器人信号 DO9	机器人交互信号	Q3.0
轴_1_启动驱动器	电动机驱动器	Q0.2	机器人信号 DO10	机器人交互信号	Q3.1
备用	备用	Q0.3	机器人信号 DO11	机器人交互信号	Q3.2
自动线指示灯	自动线指示	Q0.4	机器人信号 DO12	机器人交互信号	Q3.3
示教指示灯	示教指示	Q0.5	机器人信号 DO13	机器人交互信号	Q3.4
喷涂指示灯	喷涂指示	Q0.6	机器人信号 DO14	机器人交互信号	Q3.5
自动线启动指示灯	自动线启动指示	Q0.7	机器人信号 DO15	机器人交互信号	Q3.6
门禁确认指示灯	门禁确认指示	Q1.0	机器人信号 DO16	机器人交互信号	Q3.7
报警	系统报警	Q1.1	三色灯黄灯	黄灯	Q4.0
机器人信号 DO1	机器人交互信号	Q2.0	三色灯绿灯	绿灯	Q4.1
机器人信号 DO2	机器人交互信号	Q2.1	三色灯红灯	红灯	Q4.2
机器人信号 DO3	机器人交互信号	Q2.2	送料气缸	送料气缸置1信号	Q4.3
机器人信号 DO4	机器人交互信号	Q2.3	冲压1号气缸	冲压1号气缸置1信号	Q4.4
机器人信号 DO5	机器人交互信号	Q2.4	冲压2号气缸	冲压2号气缸置1信号	Q4.5
机器人信号 DO6	机器人交互信号	Q2.5	冲压3号气缸	冲压3号气缸置1信号	Q4.6
机器人信号 DO7	机器人交互信号	Q2.6			

四、PLC 程序设计

PLC 编程是一种进行数字运算操作的电子系统，专为在工业环境下应用而设计。它采用可编程序的存储器，在其内部存储执行逻辑运算、顺序控制、定时、计数和算术运算等操作的指令，并通过数字式或模拟式的输入和输出，控制各种类型的机械或生产过程。可编程序控制器及其有关设备都应按易于使工业控制系统形成一个整体、易于扩充其功能的原则设计。

搬运码垛工作站采用的是西门子 S7-1200PLC，本书使用梯形图编程语言进行 PLC 的编程。下面对主要的 PLC 程序段进行介绍。

1. Main 主程序

主程序包含控制输出、通信、初始化、步进电动机和自动线五个子程序，其余程序段用于控制指示灯的亮灭。

（1）主程序对"控制输出"子程序的逻辑控制 如图 3-40 所示，有如下三种情况可以触发"控制输出"子程序：

① 由"自动线输入"的常开触点 I0.4 和"喷涂"的常闭触点 I0.5 串联，表示当 I0.4 按钮按下并且 I0.5 按钮不按下时，就可以使"控制输出"子程序得电。

② 由"喷涂"的常开触点 I0.5 和"自动线输入"的常闭触点 I0.4 串联，表示当 I0.5 按钮按下并且 I0.4 按钮不按下时，就可以使"控制输出"子程序得电。

③ 由"自动线输入"的常闭触点 I0.4 和"喷涂"的常闭触点 I0.5 串联，表示当 I0.4 和 I0.5 按钮都不按下时，就可以使"控制输出"子程序得电。

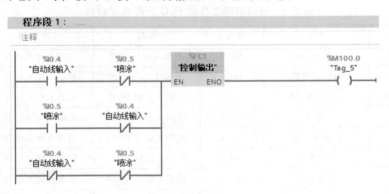

图 3-40 "控制输出"子程序

（2）主程序对"通信"子程序的逻辑控制 如图 3-41 所示，有如下三种情况可以触发"通信"子程序。

① 由"自动线输入"的常开触点 I0.4 和"喷涂"的常闭触点 I0.5 串联，表示当 I0.4 按钮按下并且 I0.5 按钮不按下时，就可以使"通信"子程序得电。

② 由"喷涂"的常开触点 I0.5 和"自动线输入"的常闭触点 I0.4 串联，表示当 I0.5 按钮按下并且 I0.4 按钮不按下时，就可以使"通信"子程序得电。

③ 由"自动线输入"的常闭触点 I0.4 和"喷涂"的常闭触点 I0.5 串联，表示当 I0.4 和 I0.5 按钮都不按下时，就可以使"通信"子程序得电。

（3）主程序对"初始化"子程序的逻辑控制 如图 3-42 所示，有如下三种情况可以触发"初始化"子程序。

① 由"自动线输入"的常开触点 I0.4 和"喷涂"的常闭触点 I0.5 串联，表示当 I0.4

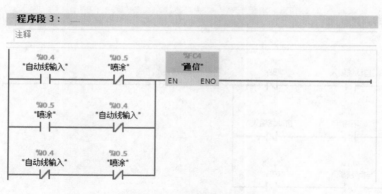

图 3-41 "通信"子程序

按钮按下并且 I0.5 按钮不按下时，就可以使"初始化"子程序得电。

② 由"喷涂"的常开触点 I0.5 和"自动线输入"的常闭触点 I0.4 串联，表示当 I0.5 按钮按下并且 I0.4 按钮不按下时，就可以使"初始化"子程序得电。

③ 由"自动线输入"的常闭触点 I0.4 和"喷涂"的常闭触点 I0.5 串联，表示当 I0.4 和 I0.5 按钮都不按下时，就可以使"初始化"子程序得电。

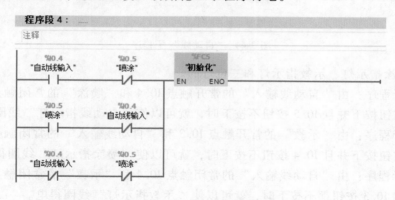

图 3-42 "初始化"子程序

（4）主程序对"步进电动机"子程序的逻辑控制 如图 3-43 所示，有如下三种情况可以触发"步进电动机"子程序。

① 由"自动线输入"的常开触点 I0.4 和"喷涂"的常闭触点 I0.5 串联，表示当 I0.4 按钮按下并且 I0.5 按钮不按下时，就可以使"步进电动机"子程序得电。

② 由"喷涂"的常开触点 I0.5 和"自动线输入"的常闭触点 I0.4 串联，表示当 I0.5 按钮按下并且 I0.4 按钮不按下时，就可以使"步进电动机"子程序得电。

③ 由"自动线输入"的常闭触点 I0.4 和"喷涂"的常闭触点 I0.5 串联，表示当 I0.4 和 I0.5 按钮都不按下时，就可以使"步进电动机"子程序得电。

（5）主程序对"自动线"子程序的逻辑控制 如图 3-44 所示，只有一种情况可以触发"自动线"子程序：由"自动线输入"的常开触点 I0.4 直接和子程序数据块相连，表示当 I0.4 按钮按下时，就可以使"自动线"子程序得电。

（6）主程序对系统指示灯的逻辑控制 如图 3-45 所示，它是通过逻辑关系来控制自动

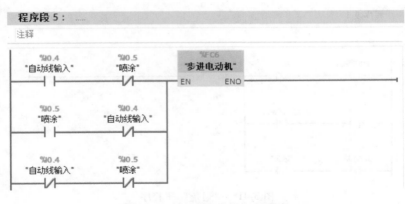

图 3-43 "步进电动机"子程序

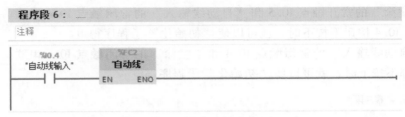

图 3-44 "自动线"子程序

线指示灯、喷涂指示灯、示教指示灯和三色灯的。

① 第一行程序：由"自动线输入"的常开触点 I0.4 和"喷涂"的常闭触点 I0.5 串联，表示当 I0.4 按钮按下并且 I0.5 按钮不按下时，就可以使"自动线指示灯"线圈得电。

② 第二行程序：由"示教"的常开触点 I0.3 和"自动线输入"的常闭触点 I0.4 串联，表示当 I0.3 按钮按下并且 I0.4 按钮不按下时，就可以使"喷涂指示灯"线圈得电。

③ 第三行程序：由"自动线输入"的常闭触点 I0.4 和"示教"的常闭触点 I0.3 串联，表示当 I0.4 和 I0.3 按钮都不按下时，就可以使"示教指示灯"线圈得电。

④ 第四行程序：当"机器人自动"的常开触点 I31.5 或"外部自动"的常开触点 I31.6 中的任一触点闭合时，都能使"绿灯"Q4.1 亮起；I26.5 常闭触点是触发报警按钮，只有在机器人运行过程中，设备触发了该按钮才会使"红灯"Q4.2 和"报警"Q1.1 同时得电。

⑤ 第五行程序：当"机器人自动"的常闭触点 I31.5 和"外部自动"的常闭触点 I31.6 都满足要求时，也就是说在机器人不是自动的状态下，"黄灯"Q4.0 得电。

2. "控制输出"子程序

（1）子程序对防护门的逻辑控制 如图 3-46 所示，它是通过逻辑关系来控制自动线启动指示灯和门禁确认指示灯的。

① 第一行程序：用中间寄存器 M3.0 直接对"自动线启动指示灯"进行控制，即 M3.0 触点通电时，线圈 Q0.7 有输出。

② 第二行程序：当门禁光电传感器检测到防护门时，I0.6 有输入，此时按下"门禁确定"I0.7 按钮可以实现"门禁确认指示灯"Q1.0 得电并且自锁；当门禁光电传感器没有检测到防护门时，I0.6 无输入，自锁停止，"门禁确认指示灯"无输出。

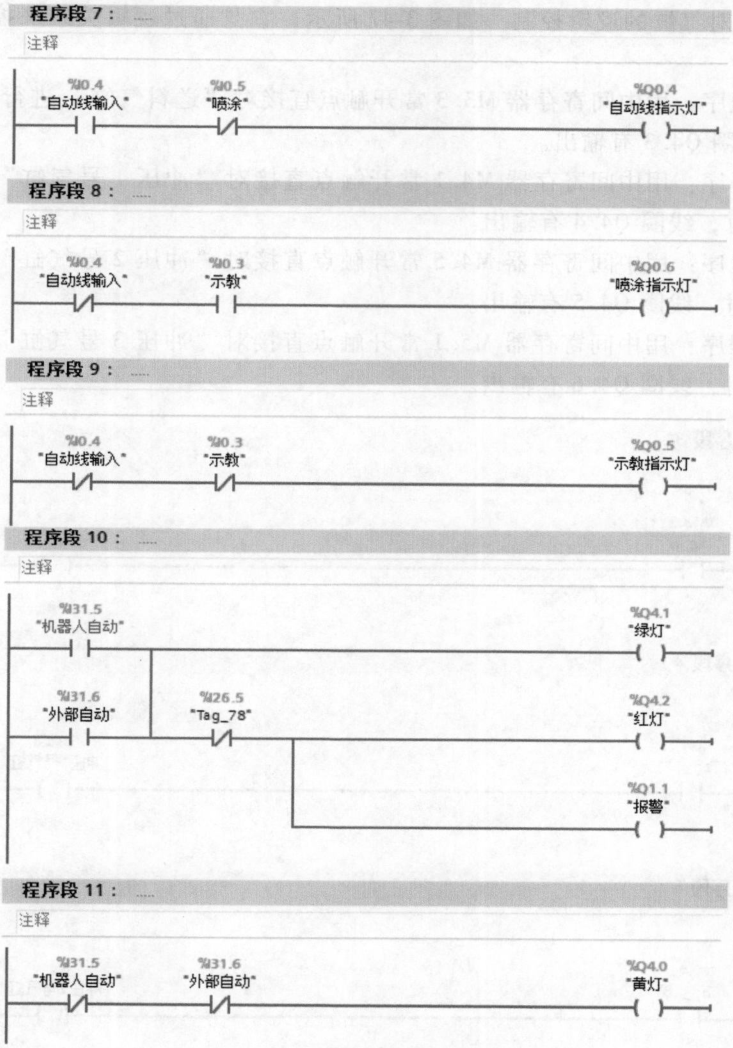

程序段 7：......

注释

```
  %I0.4        %I0.5                                      %Q0.4
"自动线输入"    "喷涂"                                  "自动线指示灯"
──┤ ├──────────┤/├──────────────────────────────────────( )──
```

程序段 8：......

注释

```
  %I0.4        %I0.3                                      %Q0.6
"自动线输入"    "示教"                                  "喷涂指示灯"
──┤/├──────────┤ ├──────────────────────────────────────( )──
```

程序段 9：......

注释

```
  %I0.4        %I0.3                                      %Q0.5
"自动线输入"    "示教"                                  "示教指示灯"
──┤ ├──────────┤/├──────────────────────────────────────( )──
```

程序段 10：......

注释

```
  %I31.5                                                  %Q4.1
"机器人自动"                                              "绿灯"
──┤ ├────────────────────────────────────────────────────( )──
  %I31.6        %I26.5                                    %Q4.2
"外部自动"     "Tag_78"                                   "红灯"
──┤ ├──────────┤/├──────────────┬─────────────────────────( )──
                                 │                        %Q1.1
                                 │                        "报警"
                                 └────────────────────────( )──
```

程序段 11：......

注释

```
  %I31.5        %I31.6                                    %Q4.0
"机器人自动"   "外部自动"                                "黄灯"
──┤/├──────────┤/├────────────────────────────────────────( )──
```

图 3-45　系统指示灯程序段

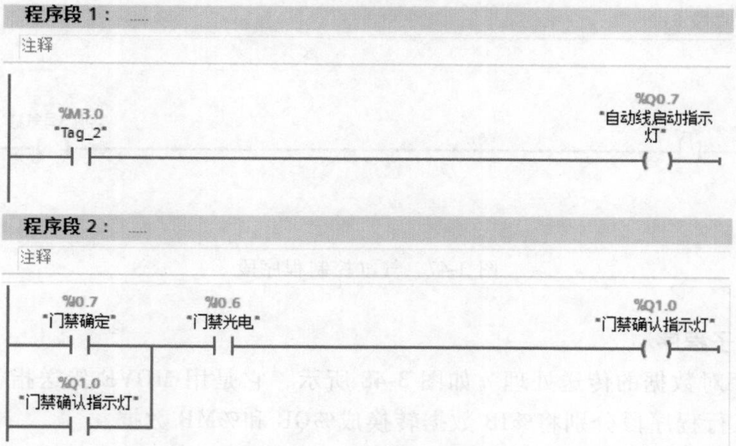

程序段 1：......

注释

```
  %M3.0                                                   %Q0.7
"Tag_2"                                               "自动线启动指示
                                                          灯"
──┤ ├────────────────────────────────────────────────────( )──
```

程序段 2：......

注释

```
  %I0.7        %I0.6                                      %Q1.0
"门禁确定"     "门禁光电"                              "门禁确认指示灯"
──┬─┤ ├────────┤ ├────────────────────────────────────────( )──
  │ %Q1.0
  │"门禁确认指示灯"
  └─┤ ├──
```

图 3-46　防护门程序段

（2）子程序对气缸的逻辑控制　如图 3-47 所示，它是通过逻辑关系来控制送料气缸和冲压气缸的。

① 第一行程序：用中间寄存器 M3.3 常开触点直接对"送料气缸"进行控制，即 M3.3 触点通电时，线圈 Q4.3 有输出。

② 第二行程序：用中间寄存器 M4.1 常开触点直接对"冲压 1 号气缸"进行控制，即 M4.1 触点通电时，线圈 Q4.4 有输出。

③ 第三行程序：用中间寄存器 M4.5 常开触点直接对"冲压 2 号气缸"进行控制，即 M4.5 触点通电时，线圈 Q4.5 有输出。

④ 第四行程序：用中间寄存器 M5.1 常开触点直接对"冲压 3 号气缸"进行控制，即 M5.1 触点通电时，线圈 Q4.6 有输出。

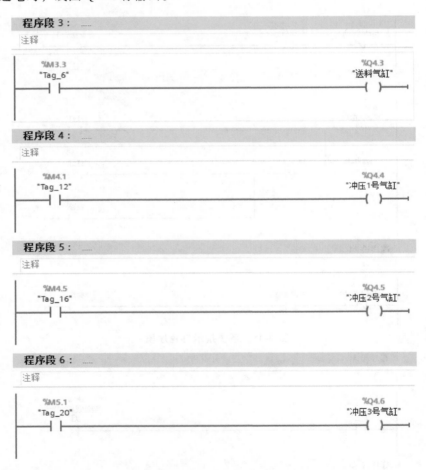

图 3-47　气缸控制程序段

3. "通信"子程序

（1）子程序对数据的传送处理　如图 3-48 所示，它是用 MOVE 传送指令来实现数据传送的。图中的三行程序段分别将%IB 数据转换成%QB 和%MB 数据。

（2）子程序对检测输入信号和指示灯输出信号的数据处理　如图 3-49 所示，它是用 M

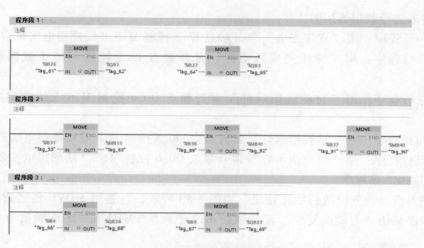

图 3-48 数据的传送程序段

中间寄存器来进行数据通信的。

① 第一行程序：用"皮带光电"常开触点 I2.3 控制 M16.0 线圈得电实现数据通信。

② 第二行程序：用"冲压完成后检测"常开触点 I3.3 控制 M16.1 线圈得电实现数据通信。

③ 第三行程序：用"自动线指示灯"常开触点 Q0.4 控制 M16.5 线圈得电实现数据通信。

④ 第四行程序：用"示教指示灯"常开触点 Q0.5 控制 M16.6 线圈得电实现数据通信。

⑤ 第五行程序：用"喷涂指示灯"常开触点 Q0.6 控制 M16.7 线圈得电实现数据通信。

4. "初始化"子程序

子程序对自动线复位的初始化处理 如图 3-50 所示，它是用 MOVE 传送指令来实现初始化的。程序是用"自动线复位"常开触点 I0.2 使数据%MD3 和%MD5 赋值为 0。

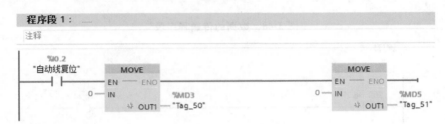

图 3-50 MOVE 传送程序段

5. "步进电动机"子程序

（1）子程序对电动机轴的启动或禁用 如图 3-51 所示，它是用"MC_Power"运动控制指令来启动或禁用电动机轴的。指令中参数的类型及说明见表 3-8。

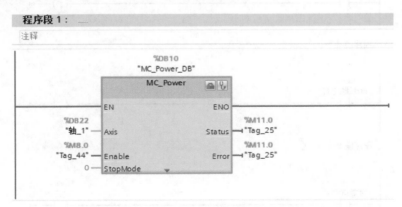

图 3-51 运动控制程序段（1）

表 3-8 指令参数表（1）

参数	声明	数据类型	默认值	说明	
Axis	INPUT	TO_Axis	-	轴工艺对象	
Enable	INPUT	BOOL	FALSE	TRUE	轴已启动
				FALSE	根据组态的"StopMode"中断当前所有作业。停止并禁用轴

（续）

参数	声明	数据类型	默认值	说明	
StopMode	INPUT	INT	0	0	**紧急停止** 如果禁用轴的请求处于待决状态,则轴将以组态的急停减速度进行制动。轴在变为静止状态后被禁用
				1	**立即停止** 如果禁用轴的请求处于待决状态,则会输出该设定值 0,并禁用轴。轴将根据驱动器中的组态进行制动,并转入停止状态
				2	**带有加速度变化率控制的紧急停止** 如果禁用轴的请求处于待决状态,则轴将以组态的急停减速度进行制动。如果激活了加速度变化率控制,则将已组态的加速度变化率考虑在内。轴在变为静止状态后被禁用
Status	OUTPUT	BOOL	FALSE	轴的使能状态	
				FALSE	**禁用轴** 轴不会执行运动控制指令也不会接受任何新指令(MC_Reset 指令例外)。 通过 PTO(脉冲串输出)的驱动器连接:轴未回原点。在禁用轴时,只有在轴停止之后,才会将状态更改为 FALSE
				TURE	**轴已启动** 轴已就绪,可以执行运动控制指令。在启动轴时,直到信号"驱动器准备就绪"处于待决状态之后,才会将状态更改为 TRUE。在轴组态中,如果未组态"驱动器准备就绪"驱动器接口,那么状态将会立即更改为 TRUE
Busy	OUTPUT	BOOL	FALSE	TRUE	"MC_Power"处于活动状态
Error	OUTPUT	BOOL	FALSE	TRUE	运动控制指令"MC_Power"或相关工艺对象发生错误
ErrorID	OUTPUT	WORD	16#0000	参数"Error"的错误信息	
Errorinfo	OUTPUT	WORD	16#0000	参数"ErrorID"的错误信息	

（2）子程序以指定的速度连续转动电动机轴　如图 3-52 所示,它是用"MC_MoveVel-

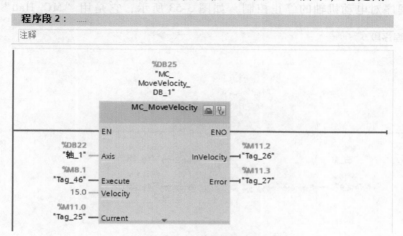

图 3-52　运动控制程序段（2）

ocity"运动控制指令指定速度转动电动机轴的。指令中参数的类型及说明见表3-9。

表3-9 指令参数表（2）

参数	声明	数据类型	默认值		说明
Axis	INPUT	TO_SpeedAxis	-		轴工艺对象
Execute	INPUT	BOOL	FALSE	FALSE	上升沿时启动指令
Velocity	INPUT	REAL	10.0		轴运动的指定速度 限值：启动/停止速度≤Velocity≤最大速度
Direction	INPUT	INT	0		指定方向
				0	旋转方向取决于参数"Velocity"值的符号
				1	正旋转方向
				2	负旋转方向
Current	INPUT	BOOL	FALSE		保持当前速度
				FALSE	"保持当前速度"已禁用，将使用参数"Velocity"和"Direction"的值
				TRUE	"保持当前速度"已启用，而不考虑参数"Velocity"和"Direction"的值。当轴继续以当前速度运动时，参数"InVelocity"返回值TRUE
InVelocity	OUTPUT	BOOL	FALSE	TRUE	"Current"=FALSE：达到参数"Velocity"中指定的速度 "Current"=TRUE：轴在启动时，以当前速度进行转动
Busy	OUTPUT	BOOL	FALSE	TRUE	正在执行指令
CommandAborted	OUTPUT	BOOL	FALSE	TRUE	指令在执行过程中被另一指令中止
Error	OUTPUT	BOOL	FALSE	TRUE	执行指令期间出错
ErrorID	OUTPUT	WORD	16#0000		参数"Error"的错误信息
Errorinfo	OUTPUT	WORD	16#0000		参数"ErrorID"的错误信息

（3）子程序对电动机轴的停止控制 如图3-53所示，它是用"MC_Halt"运动控制指

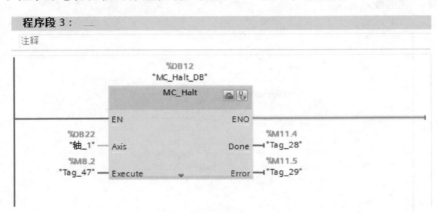

图3-53 运动控制程序段（3）

令停止所有运动并以组态的减速度停止电动机轴的。指令中参数的类型及说明见表 3-10。

表 3-10　指令参数表（3）

参数	声明	数据类型	默认值		说明
Axis	INPUT	TO_SpeedAxis	-		轴工艺对象
Execute	INPUT	BOOL	FALSE		上升沿时启动指令
Done	OUTPUT	BOOL	FALSE	TURE	速度达到零
Busy	OUTPUT	BOOL	FALSE	TRUE	正在执行指令
CommandAborted	OUTPUT	BOOL	FALSE	TRUE	指令在执行过程中被另一指令中止
Error	OUTPUT	BOOL	FALSE	TRUE	执行指令期间出错
ErrorID	OUTPUT	WORD	16#0000		参数"Error"的错误信息
Errorinfo	OUTPUT	WORD	16#0000		参数"ErrorID"的错误信息

6. "自动线"子程序

（1）子程序对送料气缸的逻辑控制　图 3-54 所示是"自动线"子程序对于送料气缸逻辑控制顺序。

① 第一行程序：自动线启动后，当检测出有物料并且送料气缸处于未推出状态时就置位 M3.1 作为送料气缸"准备就绪"信号。

② 第二行程序：当送料气缸准备就绪后，通过"数据块_1"使"准备送料" M3.2 得电。

③ 第三行程序："准备送料" M3.2 得电后，置位"送料气缸（1）" M3.3 和复位送料气缸"准备就绪" M3.1。

④ 第四行程序：当检测到"送料气缸前限位"有输入时，置位"送料完成" M3.4。

⑤ 第五行程序：当送料完成后，通过"数据块_1"使"复位送料气缸" M3.5 得电。

⑥ 第六行程序："复位送料气缸" M3.5 得电后，复位"送料气缸（1）" M3.3 和复位"送料完成" M3.4。

注意：程序中的 M3.0、M3.3 中间寄存器在"控制输出"子程序里作为触点来置位"自动线启动指示灯"和"送料气缸（1）"。

（2）子程序对冲压气缸的逻辑控制　图 3-55 所示是"自动线"子程序对于冲压气缸逻辑控制顺序。

① 第一行程序：当自动线开始冲压时，冲压 1 号气缸、冲压 2 号气缸和冲压 3 号气缸都处于未冲压状态，经过"冲压前检测信号"确认后，置位"冲压 1 号气缸（1）"进行冲压操作。

② 第二行程序：当"冲压 1 号气缸（1）"置位后，通过"冲压 1 号气缸前限位"检测来确认是否冲压完成。

③ 第三行程序：当确认冲压完成后，通过"数据块_1"进行第二次冲压操作。

④ 第五行程序：当 M4.4 常开触点有输入后，经过三个气缸的后限位检测，置位"冲压 2 号气缸（1）"同时复位"冲压 1 号气缸（1）"。

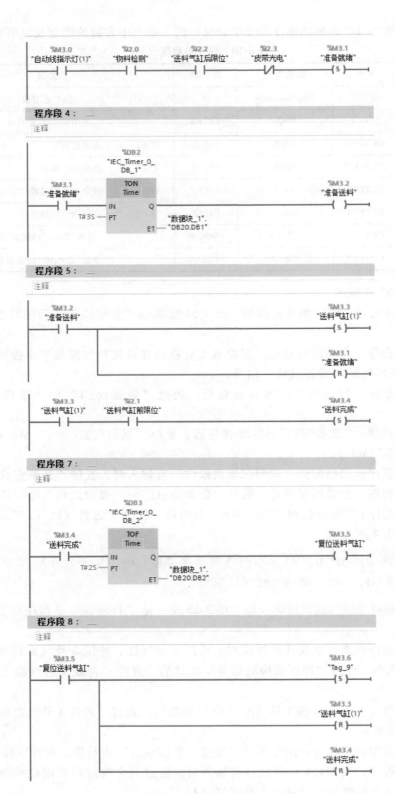

图 3-54 送料气缸程序段

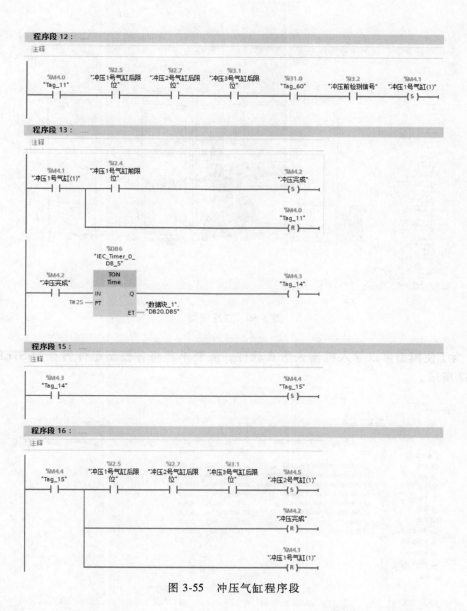

图 3-55 冲压气缸程序段

3.3 搭建工作站与仿真运行

3.3.1 机械系统装配

在工作站设计方案完成之后，必须在仿真环境中进行装配和试运行，以进一步验证方案的可行性，同时可以提前向需求方直观地展示最后成果。在仿真环境中进行机械系统装配的步骤如下：

机械系统装配（码垛）

1）将 SolidWorks 模型（图 3-56）进行优化，删除不必要的模型组件，如螺栓、螺母等小构件，以节省计算机资源，提高运行速度。

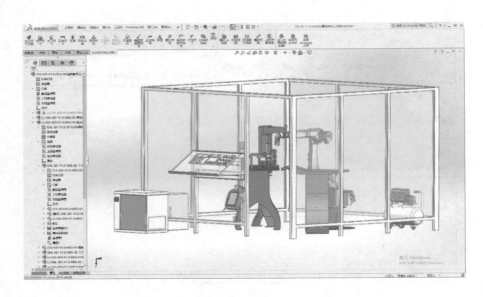

图 3-56　三维模型

2）为了使模型可以导入机器人仿真软件，需要单独将各模型组件另存为 STEP 格式，如图 3-57 所示。

图 3-57　另存为 STEP 格式

3）打开仿真软件，单击【新建】，如图 3-58 所示，创建一个新的仿真工程文件。

4）单击"场景搭建"工具栏中的【输入】，将保存的 STEP 模型文件导入，操作方法如图 3-59 所示。

图 3-58 新建

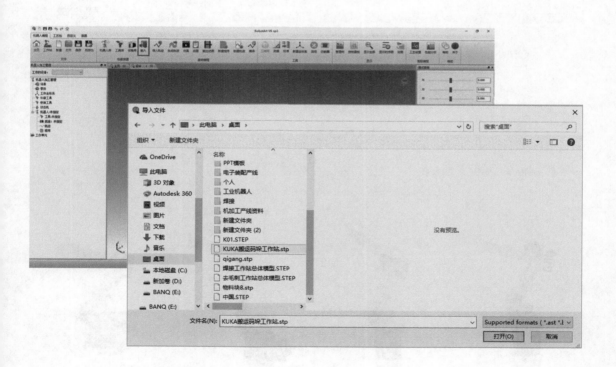

图 3-59 导入模型

5）将各模型按照设计的布局进行装配和放置，最终完成的效果如图 3-60 所示。

6）机器人和工具可以从机器人库和工具库下载（下载的夹爪自带 TCP 坐标系）。机器人型号选择 KUKA-KR5-R1400，如图 3-61 所示；工具选择夹具，如图 3-62 所示。

图 3-60 导入模型完成

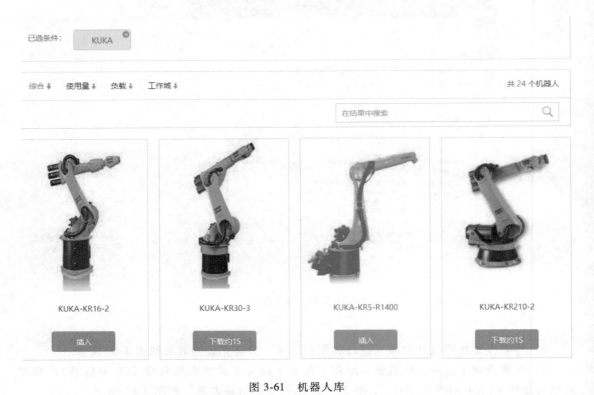

图 3-61 机器人库

电主轴	数控加工工具-2200W	夹具	喷涂喷枪
插入	下载约1S	插入	下载约1S

图 3-62 工具库

7）将机器人加载到仿真环境后挪动至合适的位置，下载的夹爪工具会自动安装在机器人上。至此，工作站搭建完成，效果如图 3-63 所示。

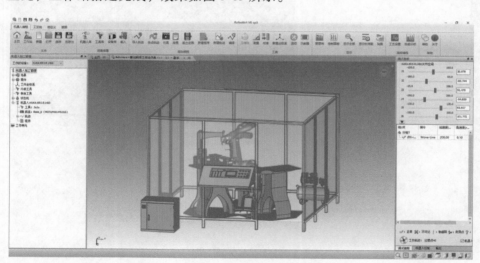

图 3-63 工作站搭建完成的效果

3.3.2 系统仿真运行

系统仿真运行需要模型进行动作，机器人动作由程序控制，流程中的动作包括料井中物料块的下落、推料气缸的推出和回缩、物料块随传送带的移动。其中，推料气缸的动作由状态机定义；物料块的下落和移动轨迹可通过草图绘制出来，再利用 AGV 工艺实现。

系统仿真运行
（码垛）

一、状态机

状态机通常有两种及以上的姿态，定义状态机需经过"模型预处理"→"定义机构"两个步骤。推料气缸有两种姿态：一种是料杆推出姿态，另一种是料杆缩回姿态。

1. 模型预处理

导入的变位机模型，其零部件层次关系按树形结构确定，定义机构前需要对这些零部件进行预处理，使之符合定义所要求的层次结构。

运动机构零部件的树结构一般要求：主目录为一个总装，一般用机器人的官方名称命名，子节点依次为 BASE、J1、J2、…、Jn，如图 3-64 所示。

2. 定义机构

选择相应状态机上需要动作的关节，然后定义运动方式（平移）→运动范围（最小值和最大值）→运动方向（平移轴）→添加状态（料杆推出和料杆缩回）。如图 3-65 所示，绿色部分是运动的关节 J1，坐标轴的蓝色箭头表示的是平移轴。

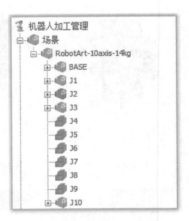

图 3-64　模型预处理结果

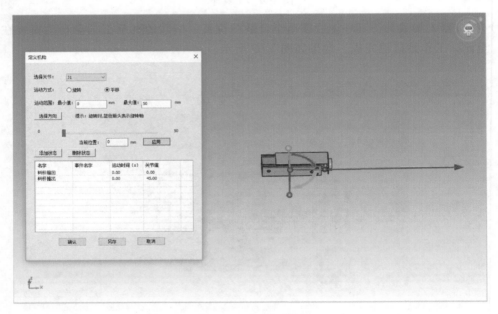

图 3-65　状态机设置

二、草图绘制

1. 功能介绍

通过草图创建、绘制、裁剪和编辑等草图功能模块，基本可以实现简单的图形绘制、文本输入等功能。该功能可用于一些焊接、切割、涂胶和标志雕刻等机器人加工。图 3-66 所示为草图功能及使用界面。

2. 草图功能界面

1）草图功能面板：用于创建草图基准面、绘制基本图元和图元编辑等。

2）属性面板：用于编辑和管理所绘制的基本图元、草图约束等。

3）绘图区：用于呈现缩绘图元、文字等。

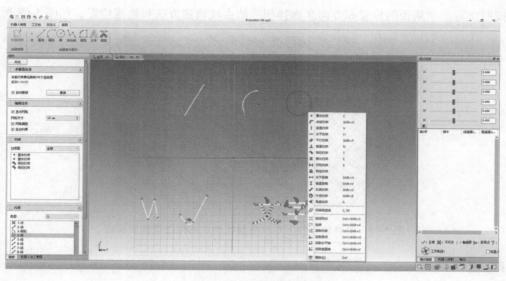

图 3-66 草图功能及使用界面

4）右键菜单：属性面板、绘图区均提供了丰富的右键菜单供编辑所用。

3. 特殊操作

1）创建草图时，目前默认只能将草图的基准面（绘图面）创建到由全局坐标系三个坐标轴 X、Y、Z 确定的三个平面上，如 X-Y 平面、Y-Z 平面及 Z-X 平面。

2）创建完的草图支持通过右键菜单进行再次编辑。

3）对于创建完的草图，如果位置不合适，可以选中草图后，激活三维球，借助三维球的基本功能将其摆放到合适位置。

4）对于创建完的草图，可以使用【生成轨迹】的方法来制作轨迹。

三、工艺包——AGV 路径规划（复杂轨迹生成方式）

该功能可以令零件或者装配体按照选取的路径运动，通过改变零件和装配体的"相对位置"和"绝对位置"调整运动的位姿。图 3-67 所示为工艺包工具栏。

图 3-67 工艺包工具栏

生成轨迹的方法就是利用软件中七种轨迹类型之一的曲线特征，如图 3-68 所示。

图 3-68 曲线特征

按照所需运动路径的位置和方向来选择相应的生成轨迹方法和轨迹位置，如图 3-69 所示。

图 3-69   物料块料井下落轨迹和物料块随传送带移动轨迹

四、仿真步骤

仿真步骤见表 3-11。

表 3-11   仿真步骤

序号	操作步骤	图示
1	设置机器人的 HOME 点	
2	夹取物料块并到达料井上方	
3	松开夹爪并创建草图线条,制作物料下落的轨迹(料井中黄色的轨迹)	

（续）

序号	操作步骤	图示
4	置位推料气缸并创建草图线条,制作物料被推出的轨迹(传送带上黄色的轨迹)	
5	创建草图线条,制作在传送带上物料到达位置的轨迹(传送带上黄色的轨迹)	
6	夹取物料块并到达堆垛平台相应的位置	
7	返回 HOME 点	

3.4 机器人与 PLC 进行数据通信

3.4.1 软件应用

一、博途 V13 简介

本工作站选用西门子 S-1200 系列 PLC,使用博途 V13 软件操作 PLC

PLC 软件应用

进行通信的连接。博途软件提供了两种视图界面：一种是根据工具功能组织的、面向任务的门户视图（Portal视图），如图3-70所示；另一种是由项目中各元素组成的项目视图，如图3-71所示。

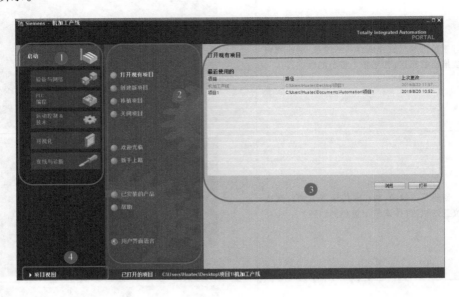

图3-70　门户视图

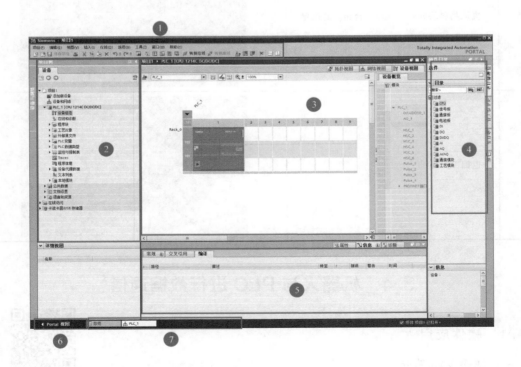

图3-71　项目视图

1. 门户视图

门户视图界面功能如下：

① 任务选项：为各个任务区提供基本功能，能够提供的任务选项取决于所安装的软件产品。

② 所选任务选项对应的操作：提供了在所选任务选项中可使用的操作，操作的内容会根据所选的任务选项动态变化，可在每个任务选项中查看相关任务的帮助文件。

③ 操作选择面板：所有任务选项中都提供该面板，其内容取决于当前的选择。

④ 项目视图：切换到项目视图。

2. 项目视图

项目视图界面功能如下：

① 菜单和工具栏：包括工作所需的全部命令及常用命令的按钮。

② 项目浏览器：可访问所有组件和项目数据。

③ 工作区：显示编辑的对象。

④ 任务卡：根据所编辑对象或所选对象，提供用于执行的附加操作。

⑤ 巡视窗口：显示所选对象或执行操作的相关附加信息。

⑥ Portal 视图：切换到门户视图。

⑦ 编辑器栏：显示打开的编辑器，可在已经打开的元素间进行快速切换。如果打开的编辑器数量非常多，可对类型相同的编辑器进行分组显示。

二、PLC 程序导入步骤

1）找到编写好的程序文件，然后双击打开，如图 3-72 所示。

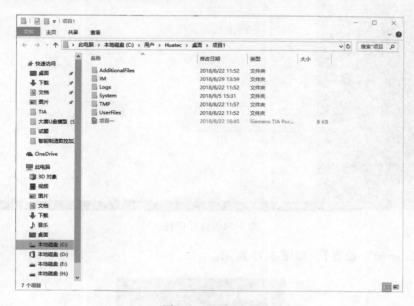

图 3-72　选择程序

2）进入博途 V13 软件，选择项目 1 程序，然后单击【打开】，如图 3-73 所示。

3）弹出项目 1 的操作选择界面，单击【打开项目视图】，如图 3-74 所示。

4）用鼠标右键单击计算机屏幕右下角菜单栏里的网络图标，在弹出的菜单中单击【打

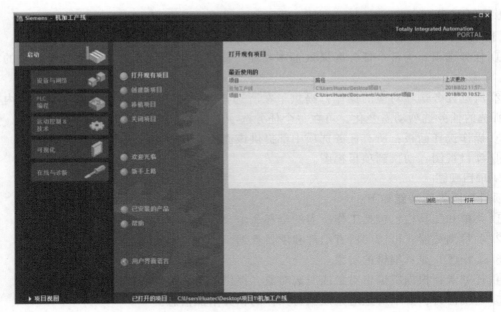

图 3-73　打开程序

图 3-74　打开项目

开 "网络和 Internet" 设置】，如图 3-75 所示。

图 3-75　打开 "网络和 Internet" 设置

5）在网络和 Internet 设置界面单击【更改适配器选项】，如图 3-76 所示。

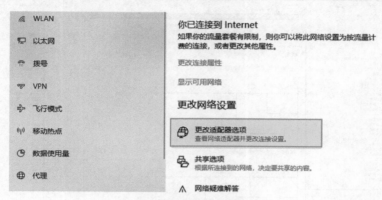

图 3-76　更改适配器选项

6）选择【以太网】，单击鼠标右键，在弹出的菜单中单击【属性】，如图 3-77 所示。

图 3-77　属性

7）在以太网（本地连接）属性中找到并记下该网卡名称，如图 3-78 所示。

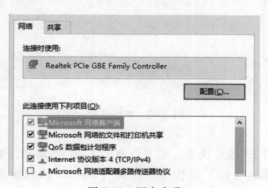

图 3-78　网卡名称

8）回到软件界面，单击 PLC 程序上方工具栏中的【下载】图标，如图 3-79 所示。

9）弹出下载界面，选择网卡名称与以太网（本地连接）中的网卡名称一致，勾选【显示所有兼容的设备】复选项，然后单击【开始搜索】，如图 3-80 所示。

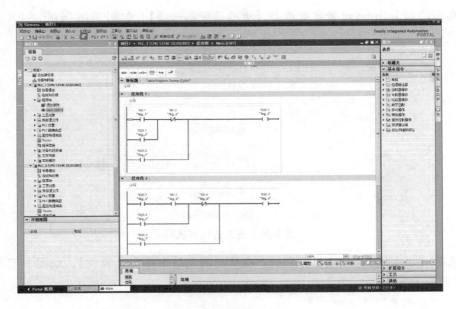

图 3-79　下载程序

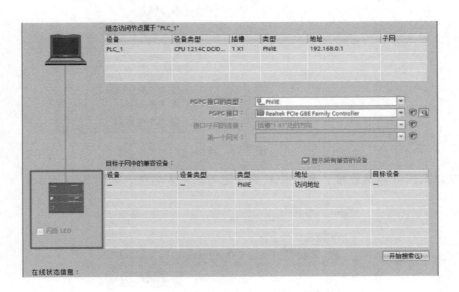

图 3-80　开始搜索

10）搜索完成后进行 IP 地址设置，记下当前 PLC 的 IP 地址，如图 3-81 所示。

11）回到以太网（本地连接）属性中，找到【Internet 协议版本 4（TCP/IPv4）】并双击打开，修改 IP 地址与 PLC 的 IP 地址一致，单击【确定】，如图 3-82 所示。

12）回到 PLC 下载界面，可以通过勾选【闪烁 LED】复选项来查看 IP 地址配置是否正确，确认无误后单击工具栏中的【下载】图标，提示"分配 IP 地址"，单击【是】，如图 3-83 所示。

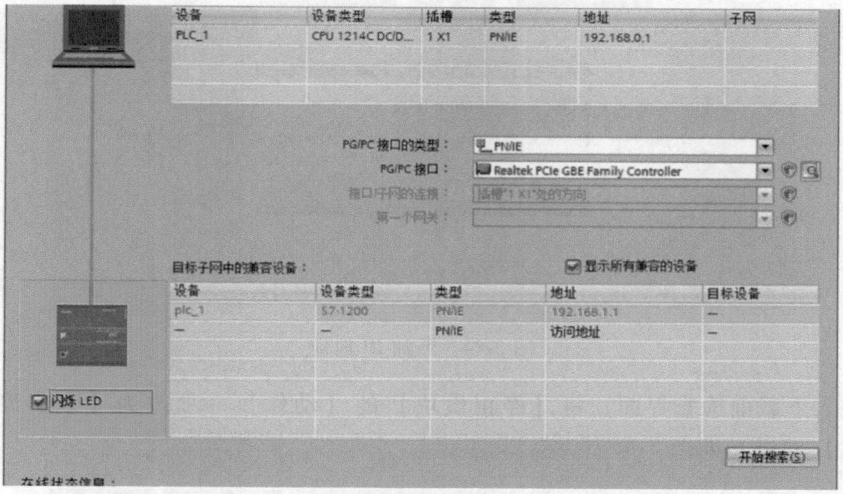

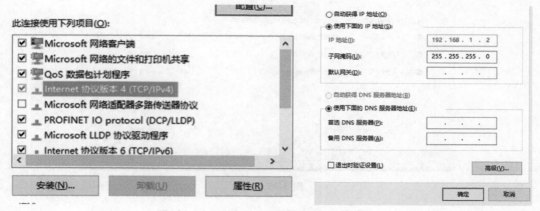

图 3-81　IP 地址

图 3-82　修改 IP 地址

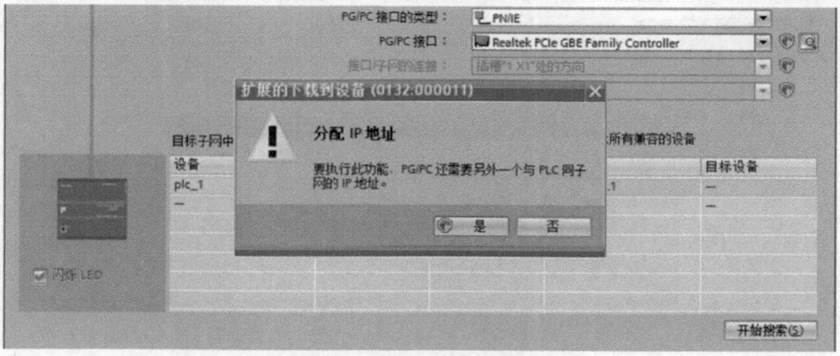

图 3-83　分配 IP 地址

13）提示"添加了其他 IP 地址"，单击【确定】，如图 3-84 所示。

图 3-84　添加 IP 地址

14）进入下载前检查界面，将【停止模块】的【动作】一项改为【全部停止】，然后单击【下载】即可，如图 3-85 所示。

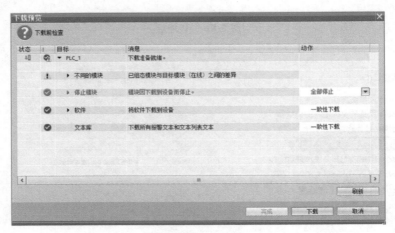

图 3-85　下载

15）提示"完成装载"，说明程序已导入 PLC 设备中，如图 3-86 所示。

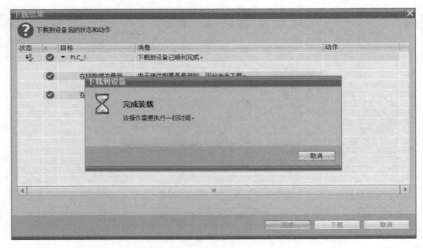

图 3-86　下载完成

3.4.2 内容设计

对于简单的工作站系统，如果既掌握了工业机器人的编程，又掌握了PLC的控制技术，那么通过PLC控制机器人就非常简单了，只要将工业机器人和PLC有效地连接起来并进行相互之间的信号传输即可。

PLC 内容设计

本项目工业机器人与PLC之间可采用两种通信方式，分别是I/O信号通信和Profinet通信。

一、I/O信号通信

这种连接方式就是传统的硬件连接，即连接输出、输入点。其优点是：连接简单，易操作；缺点是：如果连接点多，PLC要求的输入、输出点就随之增多，导致成本提高。

图3-87所示为KUKA机器人和PLC进行外部通信的I/O连接。

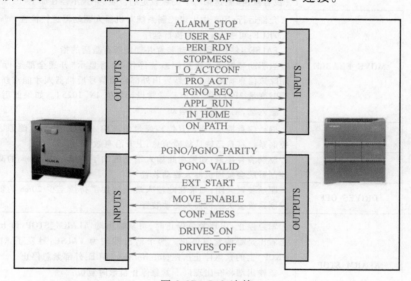

图 3-87 I/O 连接

机器人输入/输出信号参数含义见表3-12。

表 3-12 机器人输入/输出信号参数含义

机器人端口	参数	含义
输入端	PGNO_TYPE	确定以何种格式来读取上级控制系统传送的程序号 值为1时：以二进制数值读取，上级控制系统以二进制编码整数值的形式传送程序号。例如：0 0 1 0 0 1 1 1→PGNO=39 值为2时：以BCD值读取，上级控制系统以二进制编码的形式传送程序号。例如：0 0 1 0 0 1 1 1→PGNO=27 值为3时：以"N选1"的形式读取，上级控制系统或外围设备以"N选1"的编码值传送程序编号。例如：0 0 0 0 0 0 0 1→PGNO=1，0 0 0 0 1 0 0 0→PGNO=4
	PGNO_LENGTH	程序号长度：确定了上级控制系统传送的程序号的位宽。值域为1~16。若PGNO_TYPE的值为2，则只允许位宽为4、8、12和16

（续）

机器人端口	参数	含义
输入端	PGNO_PARITY	程序号的奇偶位 负值:奇校验,只读取奇数 0:无分析,奇数和偶数都识别 正数:偶校验,只读取偶数 如果 PGNO_TYPE 值为 3,则 PGNO_PARITY 不被分析
	PGNO_VALID	程序号有效:上级控制系统传送读取程序号指令的输入端 负值:在信号的脉冲下降沿应用编号 0:在线路 EXT_START 处随着信号的脉冲上升沿应用编号 正值:在信号的脉冲上升沿应用编号
	EXT_START	外部启动:设定了该输入端后,输入/输出接口激活时将启动或继续一个程序(一般为 CELL.SRC),仅分析信号的脉冲上升沿。在外部自动运行中无 BCO(即程序段重合)运行。这表明,机器人在启动之后以编程设定的速度(没有减速)到达第一个编程设定的位置,并且不停在那里
	MOVE_ENABLE	允许运行:用于由上级控制系统对机器人驱动器进行检查 TRUE:可手动运行和执行程序 FALSE:停住所有驱动装置并锁定所有激活的指令 当驱动装置由上级控制系统停住后,将显示"开通全部运行"的信息提示。删除该信息提示并且重新发出外部启动信号后机器人才能重新运行。投入运行时变量 MOVE_ENABLE 常常设计为值 IN[1025]。如果此后忘记设计另一个输入端,则不能外部启动
	CONF_MESS	确认信息提示(错误复位):通过给该输入端赋值,当故障原因排除后,上级控制系统将自己确认故障信息,上升沿有效
	DRIVES_ON	驱动装置接通:如果在此输入端上施加了持续至少 20ms 的高脉冲,则上级控制系统会接通机器人驱动装置
	DRIVES_OFF	驱动装置关闭:如果在此输入端上施加了持续至少 20ms 的低脉冲,则上级控制系统会关断机器人驱动装置
输出端	ALARM_STOP	紧急停止:出现紧急停止时,可从输出端 ALARM_STOP 和 Int.NotAus 的状态看出是哪种紧急停止。两个输出端均为 FALSE:触发了 KUKA 控制面板(KCP)上的紧急停止按钮;Int.NotAus TRUE:外部紧急停止 该输出端将在出现以下紧急停止情形时复位: 1)按下了 KUKA 控制面板(KCP)上的紧急停止按钮(内部紧急关断) 2)外部紧急停止
	USER_SAF	操作人员防护装置/防护门:该输出端在打开护栏询问开关(运行方式 AUT)或放开确认开关(运行方式 T1 或 T2)时复位
	PERI_RDY	驱动装置处于待机状态:通过设定此输出端,机器人控制系统通知上级控制系统机器人驱动装置已接通
	STOPMESS	停止信息:该输出端由机器人控制系统来设定,以显示一条要求停住机器人的信息提示
	I_O_ACTCONF	外部自动运行激活:选择了外部自动运行这一运行方式并且输入端 I_O_ACT 为 TRUE(一般始终设为 IN[1025])后,输出端为 TRUE
	PRO_ACT	程序激活/正在运行:当一个机器人层面上的过程激活时,始终给该输出端赋值。在处理一个程序或中断时,过程为激活状态。程序结束时的程序处理只有在所有脉冲输出端和触发器均处理完毕之后才视为未激活
	PGNO_REQ	程序号问询:在该输出端信号变化时,要求上级控制系统传送一个程序号。如果 PGNO_TYPE 值为 3,则 PGNO_REQ 不被分析

（续）

机器人端口	参数	含义
输出端	APPL_RUN	应用程序在运行中：机器人控制系统通过设置此输出端来通知上级控制系统机器人正在处理有关程序
	IN_HOME	机器人位于起始位置（HOME）：该输出端通知上级控制系统机器人正位于其起始位置（HOME）
	ON_PATH	机器人位于轨迹上：只要机器人位于编程设定的轨迹上，此输出端即被赋值。在进行了 BCO 运行后输出端 ON_PATH 即被赋值。输出端保持激活，直到机器人离开了轨迹、程序复位或选择了语句。机器人一离开轨迹，该信号便复位

二、Profinet 通信

下面介绍如何用 Profinet 通信协议实现 KUKA 机器人与 S7-1200PLC 的数据通信。

1）完成硬件接线。将网线一端连接至机器人控制柜门上的 KLI 端口，另一端连接到工业交换机，将 PLC 也连接到工业交换机（工业交换机无型号要求），再将工业交换机再连接到工控机（计算机）。具体连接方式如图 3-88 所示。

2）在博途软件中进行硬件组态，并将计算机、PLC 和 KUKA 机器人设置成同一个网段（鉴于 KUKA 机器人的底层设置，最好不更改机器人 IP 地址）。硬件组态的步骤如下：

① 在博途软件中新建项目，并添加新设备，即添加一个 S7-1200 型 PLC，如图 3-89 所示。

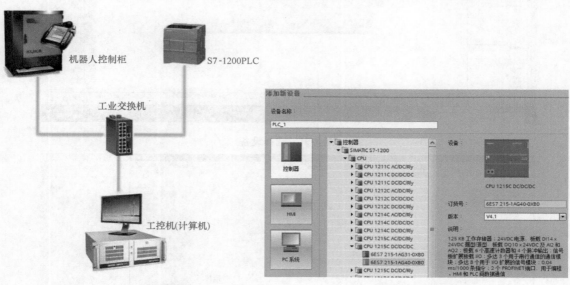

图 3-88　硬件连接概念图　　　　　图 3-89　新建项目

② 单击【选项】→【管理通用站描述文件（GSD）（D）】→导入【KUKA 机器人的 GSD 文件】，这个 GSD 文件可以在 KUKA 机器人的示教器存储目录中找到，如图 3-90 所示。

③ 安装 GSD，并把 KUKA 设备进行组态，如图 3-91 和图 3-92 所示。

④ 上述步骤完成后（包括 PLC 地址），就可以将组态编译下载到 PLC。下载完成后，PLC 会闪红灯，这是因为下一级组件存在故障，即还没有设置机器人端，连接不到下一级组件，所以报错。也可以使用该方法判断是否连接成功。

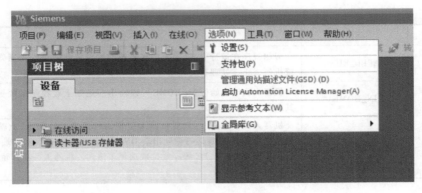

图 3-90　组态设置

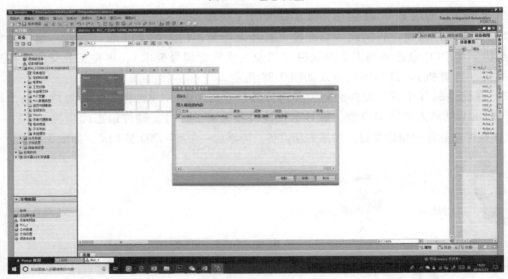

图 3-91　选择设备

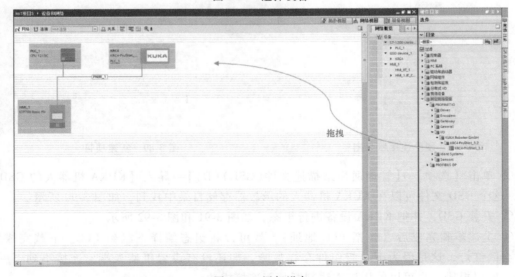

图 3-92　添加设备

3）激活、添加 Profinet。

① 激活 KUKA 机器人控制器，如图 3-93 所示。

② 添加总线 Profinet，如图 3-94 和图 3-95 所示。

WorkVisual Development Environment - 项目 1.wvs
文件 编辑 视图 编辑器 工具 窗口 ?
项目结构
设备 几何形状 文件
单元: 设备视图
未分配的设备
设为激活的控制器 Ctrl+Shift+A
添加... Ctrl+I
删除
剪切
复制
粘贴
驱动装置配置
刷新
比较运动机器
复位
添加 RoboTeam
控制选项
导入 ProConOs 设置
安装... Shift+F6
和...比较
与...合并
单元配置
控制器 1
提示信息窗口
0 错误
0 警告
1 信息提示
9:43:34 项目已打开：
工作范围
配置和投入运行
编程和诊断

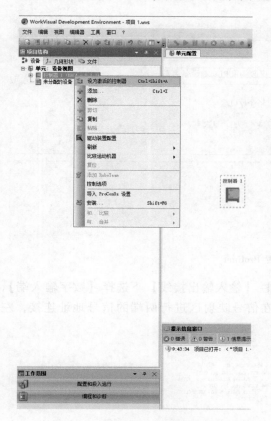

图 3-93 激活 KUKA 机器人控制器

项目结构
设备
几何形状
文件
单元：设备视图
控制器 1（KRC4 - 8.3.7）：激活的控制
控制系统组件
添加...
粘贴
改名
(KCB)
X48)
选项
未分配的设备

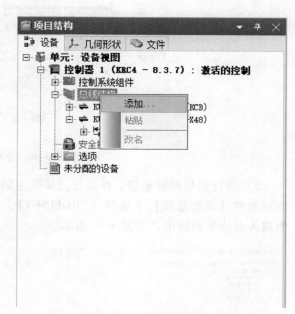

图 3-94 添加总线

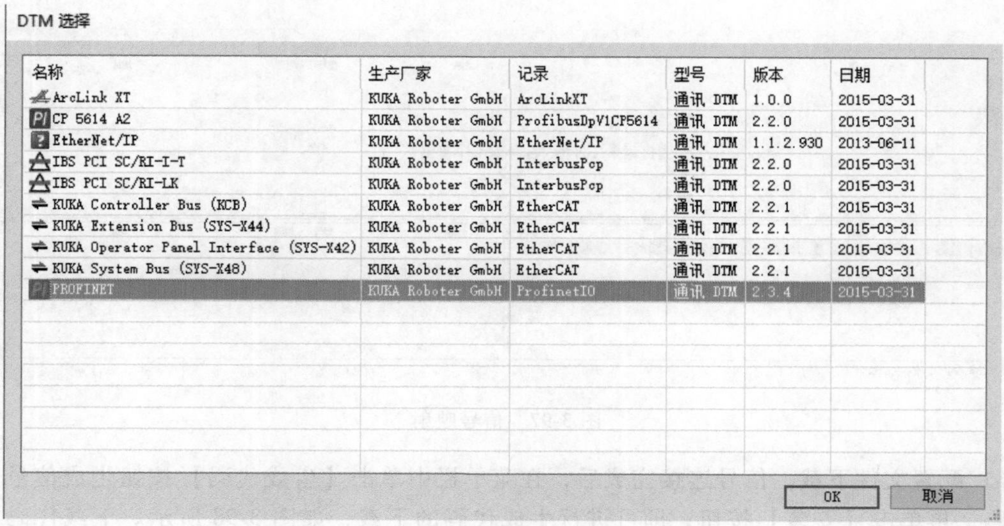

DTM 选择
名称 生产厂家 记录 型号 版本 日期
ArcLink XT KUKA Roboter GmbH ArcLinkXT 通讯 DTM 1.0.0 2015-03-31
CP 5614 A2 KUKA Roboter GmbH ProfibusDpV1CP5614 通讯 DTM 2.2.0 2015-03-31
EtherNet/IP KUKA Roboter GmbH EtherNet/IP 通讯 DTM 1.1.2.930 2013-06-11
IBS PCI SC/RI-I-T KUKA Roboter GmbH InterbusPcp 通讯 DTM 2.2.0 2015-03-31
IBS PCI SC/RI-LK KUKA Roboter GmbH InterbusPcp 通讯 DTM 2.2.0 2015-03-31
KUKA Controller Bus (KCB) KUKA Roboter GmbH EtherCAT 通讯 DTM 2.2.1 2015-03-31
KUKA Extension Bus (SYS-X44) KUKA Roboter GmbH EtherCAT 通讯 DTM 2.2.1 2015-03-31
KUKA Operator Panel Interface (SYS-X42) KUKA Roboter GmbH EtherCAT 通讯 DTM 2.2.1 2015-03-31
KUKA System Bus (SYS-X48) KUKA Roboter GmbH EtherCAT 通讯 DTM 2.2.1 2015-03-31
PROFINET KUKA Roboter GmbH ProfinetIO 通讯 DTM 2.3.4 2015-03-31
OK
取消

图 3-95 添加 Profinet

4）双击【PROFINET】打开设置界面，在 PROFINET 项下设备名称（Device name）处更改名字，此处须与 PLC 端设备名称一致，然后设置 I/O 端口数量为 256，最后在 Profinet version 处选择 GSD 文件版本 V8.3。设置过程如图 3-96 所示。

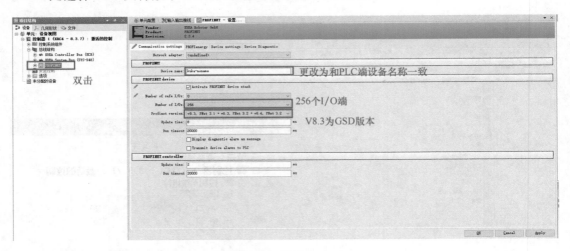

图 3-96   设置 Profinet

5）进行信号映射连接。在信号连接区左侧栏【输入输出接线】下选择【数字输入端】，在右侧栏【现场总线】下选择【PROFINET】，在信号映射区进行两端的信号地址连接，左侧输入对应右侧输出，如图 3-97 所示。

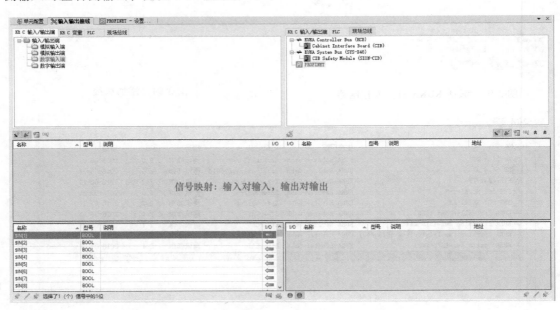

图 3-97   信号映射

6）配置文件下载。信号连接完成后，在菜单栏中单击【生成代码】按钮生成信号连接的代码，再单击【安装】按钮，即可进行生成代码的下载，如图 3-98 所示。下载代码至控制器时注意在机器人示教器上做好确认工作。

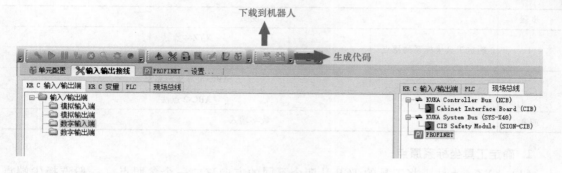

图 3-98 下载到机器人

7）机器人侧的信号确认。机器人侧即为映射时的输入输出地址，PLC 侧则是在博途软件里对 KUKA 设备设置时的输入输出地址，如图 3-99 所示。

图 3-99 设置 I/O

3.5 搬运码垛工作站现场调试与运行

工具坐标系

3.5.1 工具坐标系

一、工具坐标系测量说明

工具坐标系是一个直角（笛卡儿）坐标系，如图 3-100 所示，其原点在工具上，称为工具中心点（TCP）。工具坐标系的 X 轴一般与工具的工作方向一致。工具坐标系总是随着工具的移动而移动。

工具坐标系的测量是以工具中心点为原点来创建一个坐标系。

二、工具坐标系的测量方法

工具坐标系的测量方法见表 3-13 所示。

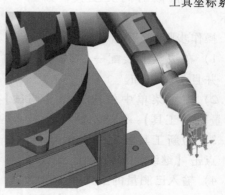

图 3-100 工具坐标系

表 3-13　工具坐标系的测量方法

步骤		说明
1	确定工具坐标系的原点	XYZ-4 点法
		XYZ-参照法
2	确定工具坐标系的姿态	ABC-世界坐标系法
		ABC-2 点法
或者		数字输入

1. 确定工具坐标系原点

（1）XYZ-4 点法　将工具的 TCP 从四个不同的方向移向一个参照点（一般选择尖端点或具有明显特征的点），机器人控制系统从不同的法兰位置值中计算出 TCP，如图 3-101 所示。

> 注意：四个不同方向的法兰位置不能在同一平面内，而且距离要足够远。

操作步骤如下：

1）在主菜单中依次选择【投入使用】→【测量】→【工具】→【XYZ-4 点法】。

2）为待测量的工具设定一个编号和名称，点击【继续】按钮，进行下一步。

3）将 TCP 移至任意一个参照点，点击【继续】按钮，进行下一步。

4）将 TCP 从另一个方向移向参照点，点击【继续】按钮，进行下一步。

5）将上一步重复两次。

6）点击【保存】按钮，将测量数据进行保存。

图 3-101　XYZ-4 点法

（2）XYZ-参照法　将新工具与已测量过的工具进行比较测量，机器人控制系统比较法兰位置，并对工具的 TCP 进行计算。该方法适用于几何相似的同类工具，如图 3-102 所示。

操作步骤如下：

1）在法兰上装配一个已测量过的工具，并且 TCP 已知。

2）在主菜单中依次选择【调试】→【测量】→【工具】→【XYZ-参照】。

3）为新工具设定一个编号和一个名称，点击【继续】按钮确认。

图 3-102　XYZ-参照法

4）输入已测量的工具的 TCP 数据，点击【继续】按钮确认。

5）将 TCP 移至任意一个参照点，点击【测量】按钮，再点击【继续】按钮确认。

6）将工具退回，拆下，然后安装上新工具。

7）将新工具的 TCP 移至参照点，点击【测量】按钮，再点击【继续】按钮确认。

8）点击【保存】按钮保存，或点击【负载数据】，数据同样被保存，可以在被打开的窗口中输入负载数据。

2. 确定工具坐标系的姿态

（1）ABC-世界坐标系法　通过工具坐标系的轴平行于世界坐标系的轴的方式进行校准，使机器人控制系统确定工具坐标系的姿态。具体有两种方式：5D 法和 6D 法。

1）5D 法：只将工具的作业方向告知机器人控制系统。该作业方向默认为 X 轴的方向，其他轴的方向由系统确定，即 $+X_{工具坐标} // -Z_{世界坐标}$。

2）6D 法：将所有三根轴的方向均告知机器人控制系统。即 $+X_{工具坐标} // -Z_{世界坐标}$，$+Y_{工具坐标} // +Y_{世界坐标}$，$+Z_{工具坐标} // +X_{世界坐标}$。

操作步骤如下：

1）在主菜单中依次选择【投入使用】→【测量】→【工具】→【ABC-世界坐标】。

2）输入工具编号，点击【继续】按钮，进行下一步。

3）在 5D/6D 栏中选择一种方式，点击【继续】按钮，进行下一步。

4）按照所选方法的要求调整机器人姿态，点击【继续】按钮，进行下一步。

5）点击【保存】按钮，将测量数据进行保存。

（2）ABC-2 点法　如图 3-103 所示，通过移动 X 轴上一个点和 XY 平面上一个点的方法，机器人控制系统即可得知工具坐标系的各轴。当轴的方向要求必须特别精确时，将采用该方法。

操作步骤如下：

1）确认 TCP 已通过 XYZ 法确定。

2）在主菜单中依次选择【调试】→【测量】→【工具】→【ABC-2 点法】。

3）输入已安装工具点编号，点击【继续】按钮，进行下一步。

4）将 TCP 移至参照点，点击【测量】按钮，然后点击【继续】按钮，进行下一步。

5）移动工具，使参照点在 X 轴上并与 X 轴负方向上一点重合（即预碰撞方向相反），点击【测量】按钮，然后点击【继续】按钮，进行下一步。

6）移动工具，使参照点在 XY 平面上与一个在 Y 轴正方向上的点重合，点击【测量】按钮，然后点击【继续】按钮，进行下一步。

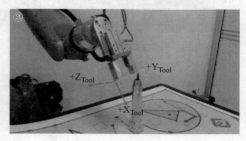

图 3-103　ABC-2 点法

7）点击【保存】按钮进行保存，或按【负载数据】，数据同样被保存，可以在被打开的窗口中输入负载数据。

三、工具测量的意义

（1）工具可围绕 TCP 改变姿态　将 TCP 接触一固定点，在基坐标系为工具坐标系的情况下，手动操作或使用 6D 鼠标操作机器人，不管是什么姿态，TCP 始终与固定点接触，如图 3-104 所示。

（2）TCP 可沿工具作业方向移动　移动机器人时，TCP 始终沿着工具作业方向移动，如图 3-105 所示。

图 3-104　工具围绕 TCP 改变姿态

图 3-105　沿工具作业方向移动

（3）工具可沿 TCP 轨迹保持编程设定的运行速度　运行程序时，TCP 的移动始终保持设定的速度，如图 3-106 所示。

（4）工具可沿轨迹保持定义的姿态　定义好轨迹上某一点的机器人姿态，在全局坐标系下移动机器人，其工具始终保持开始的姿态沿着轨迹运行，如图 3-107 和图 3-108 所示。

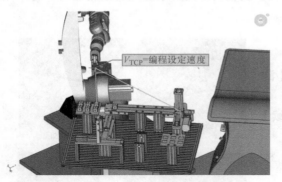

图 3-106　TCP 移动保持编程设定的速度

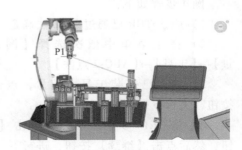

图 3-107　沿轨迹 P1 移动

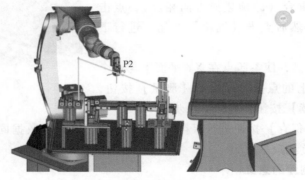

图 3-108　沿轨迹 P2 移动

3.5.2 基坐标系

一、基坐标系的测量方法

基坐标系测量表示根据世界坐标系在机器人周围的某一个位置上创建坐标系,其目的是使机器人的手动运行以及编程设定的位置均以该坐标系为参照。例如,设定的工件支座和抽屉的边缘、货盘或机器的外缘均可作为基坐标系中合理的参照点。

基坐标系测量分为两个步骤,分别是确定坐标系原点和定义坐标系方向,具体测量方法见表 3-14。

表 3-14　基坐标系的测量方法

测量方法	说明
3 点法	1)定义原点 2)定义 X 轴正方向 3)定义 Y 轴正方向(XY 平面)
间接法	当无法逼近基坐标系原点时(例如,由于该点位于工件内部,或位于机器人工作空间之外时),须采用间接法 此时须逼近 4 个相对于待测量的基坐标系中坐标值(CAD 数据)已知的点。机器人控制系统将以这些点为基础对基准进行计算
数字输入	直接输入至世界坐标系的距离(X,Y,Z)和转角(A,B,C)

注:采用 3 点法测量时,三个测量点不允许位于同一条直线上,这些点的连线间必须有一个最小夹角(标准设定为 2.5°)。

二、基坐标系测量的意义

(1)沿着基坐标系的方向移动　在手动运行模式下,并选择基坐标系时,TCP 可以沿着基坐标系的方向移动,如图 3-109 所示。

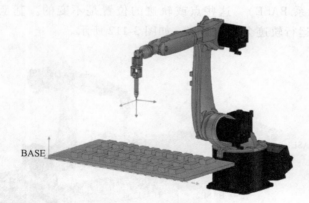

图 3-109　TCP 沿基坐标系方向移动　　　　　　　　基坐标系

(2)基坐标系可作为参照坐标系　在基坐标系 BASE1 下,对 A 进行轨迹编程,如果要对另外一个与 A 一样的工件进行轨迹编程,只需要建立一个基坐标系 BASE2,将 A 的程序复制一份,再将 BASE1 更新为 BASE2 即可,无须重新示教编程,如图 3-110 所示。

(3)可同时使用多个基坐标系　最多可建立 32 个不同的基坐标系,一段程序中可应用多个基坐标系,如图 3-111 所示。

(4)基坐标系偏移　基坐标是根据世界坐标系在机器人周围的某一个位置进行创建的。

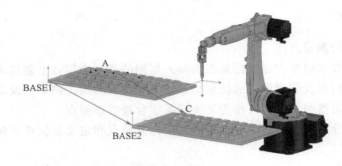

图 3-110　参考坐标系

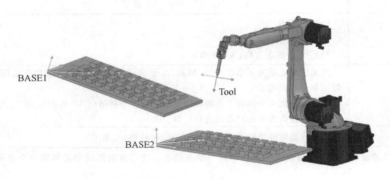

图 3-111　多个基坐标系

在进行点或轨迹的示教时，是以已创建的基坐标系 BASE 为参照的。如果基坐标系 BASE 发生了偏移，那么示教的点或示教的轨迹在世界坐标系中的位置也会随着发生改变。但是相对于参照基准（基坐标系 BASE），这些点或轨迹的位置是不变的。基坐标系 BASE1 偏移到 BASE2，那么示教的运行轨迹会跟着偏移，如图 3-112 所示。

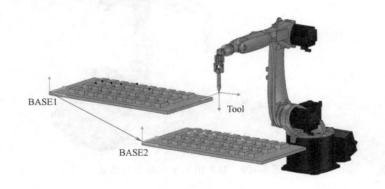

图 3-112　基坐标系偏移

（5）在基坐标系中手动运行　在 KUKA 机器人坐标系中，可以用两种不同的方式移动机器人，如图 3-113 所示，分别是沿坐标轴方向移动或环绕着坐标轴转动（回转或旋转）。

机器人在收到一个运动指令（如点击运行键）时，控制器先计算一行程段。该行程段的起点是 TCP。行程段的方向由世界坐标系给定。控制器控制所有轴的运动，使工具沿该行程段运动（平动）或绕其旋转（转动）。

　　机器人基坐标系不是固定的，而是可以自由定义的。KUKA 机器人可供选择的基坐标系有 32 个，它可以被单个测量，并可以沿工件边缘、工件支座或货盘等来调整姿态。因此，选择一个好的位置测量基坐标系，可以舒适地进行手动运行。在手动运行过程中，所有需要的机器人轴也会自行移动（哪些轴会自行

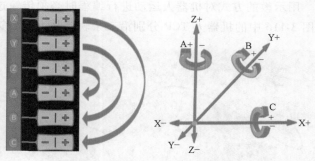

图 3-113　基坐标系

移动由机器人系统决定，并因运动情况不同而异）。在基坐标系中手动运行需要使用运行键或 6D 鼠标，并调整手动倍率，然后点击确认键，只能在 T1 运行模式下才能手动运行，如图 3-114 所示。

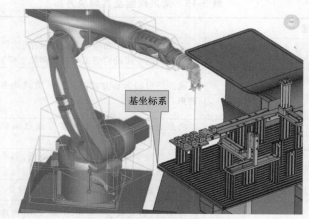

图 3-114　在基坐标系中手动运行

3.5.3　机器人的运动编程控制

一、程序数据信息

　　众所周知，机器人的运动是靠程序控制来完成的。图 3-115 所示是一条机器人动作指令，在指令中包含许多参数，可以定义动作的类型、速度等，这些参数被称为程序数据信息。

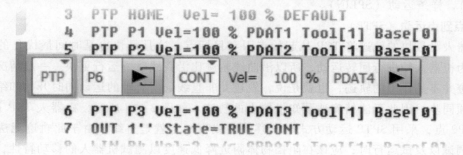

图 3-115　动作指令

用示教的方式对机器人运动进行编程时必须传输这些信息。那么如何设置这些程序数据让图 3-116 中的机器人 TCP 分别沿三条轨迹从 P1 点移动到 P2 点？

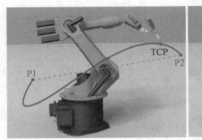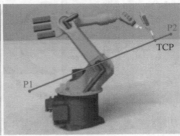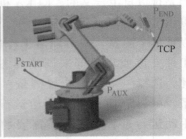

图 3-116　机器人两点间的运动

表 3-15 所列为对机器人运动进行编程时遇到的常见问题及其解决方案。

表 3-15　常见问题及其解决方案

问题	解决方案	关键词
机器人如何记住其位置？	工具在空间中的相应位置会被保存（机器人位置对应于所设定的工具坐标和基坐标）	POS
机器人如何知道它必须如何运动？	通过指定的运动方式：点到点、直线或者圆形	PTP LIN CIRC
机器人运动的速度有多快？	两点之间的速度和加速度可通过编程设定	Vel. Acc.
机器人是否必须在每个点上都要停住？	为了缩短节拍时间，选择轨迹逼近，但不能实现精确暂停	CONT
如要到达某个点，工具会保持什么姿态？	可以针对每个运动对姿态进行单独设置	ORI_TYPE
机器人是否会识别障碍？	不会，机器人只会"坚定不移"地沿程序设定的轨迹运动。程序员要负责保证机器人移动时不会发生碰撞。但也有用于保护机器的"碰撞监控"方式	碰撞监控

二、运动方式

KUKA 机器人有四种不同的基本运动方式，可根据对机器人工作流程的要求进行运动编程，分别是按轴坐标的点到点运动（SPTP），沿轨迹的线性运动（SLIN）和圆周运动（SCIRC），样条运动（SPLIN）。

1. 点到点运动（SPTP）

机器人沿最快的轨迹将 TCP 从起始点引至目标点，这是最快也是时间最优化的移动方式，因为机器人轴进行回转运动，所以沿曲线轨迹比沿直线轨迹运行更快。一般情况下，最快的轨迹并不是最短的轨迹，也就是说，轨迹并非直线。所有轴的运动同时开始和结束，这些轴必须同步，因此无法精确地预知机器人的轨迹。如图 3-117 所示，机器人 TCP 从 P1 点移动到 P2 点，采用 SPTP 运动方式时，移动路线不一定就是直线。由于此轨迹无法精确预知，在调试以及试运行时，应该在阻挡物体附近降低速度以测试机器人的移动特性，如果不进行这项工作，则可能发生对撞并且由此造成部件、工具或机器人损伤。

2. 线性运动（SLIN）

线性运动是指机器人沿一条直线以定义的速度将 TCP 引至目标点，即在线性移动过程中，机器人转轴之间将进行配合，使得工具及工件参照点沿着一条通往目标点的直线移动。如果按给定的速度沿着某条精确的轨迹抵达某一个点，或者如果因为存在对撞的危险而不能以 SPTP 运动方式抵达某些点时，将采用线性运动。

线性移动时，机器人 TCP 从起点到目标点做直线运动，因为两点确定一条直线，所以只要给出目标点就可以了。此时，只有机器人 TCP 精确地沿着定义的轨迹运行，而工具本身的姿态则在移动过程中发生变化，此变化与程序设定有关。如图 3-118 所示，机器人 TCP 从 P1 点移动到 P2 点做直线运动，从 P2 点移动到 P3 点做直线运动。

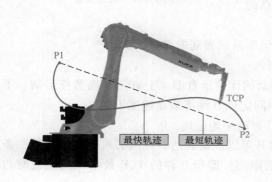

图 3-117 点到点运动

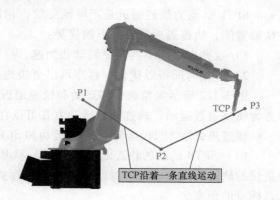

图 3-118 线性运动

3. 圆周运动（SCIRC）

圆周运动是指机器人沿圆形轨迹以定义的速度将 TCP 移动至目标点，如图 3-119 所示。圆形轨迹是通过起点、辅助点和目标点定义的。上一条指令中以精确定位方式抵达的目标点可以作为起点。辅助点是指圆周所经过的中间点。起点、辅助点和目标点在空间的一个平面上，为了使控制部分能够尽可能准确地确定这个平面，上述三个点相互之间离得越远越好。在移动过程中，工具姿态的变化将顺应于轨迹。

4. 样条运动（SPLIN）

图 3-120 所示为样条运动示意图。样条运动是由高阶曲线拟合给出的点，这种轨迹原则上也可以通过线性运动和圆周运动生成，但是相比之下样条运动更具有优势。样条运动是适

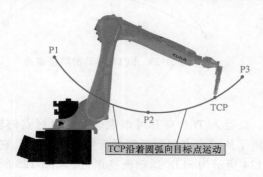

图 3-119 圆周运动

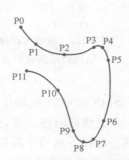

图 3-120 样条运动

用于复杂曲线轨迹的运动方式，机器人运动的轨迹更接近实际曲线轨迹。

三、轨迹逼近

机器人的运动轨迹逼近是指没有精确运动至目标点，它不适用于生成圆周运动，仅用于防止在某点出现精确暂停。图 3-121 所示为轨迹逼近的示意图。为了加速运动过程，控制器可以CONT 标示的运动指令进行轨迹逼近。轨迹逼近意味着将不精确移到点坐标，只是逼近点坐标，预先偏离精确移动轨迹。TCP 被导引沿着轨迹逼近轮廓运行，该轮廓止于下一个运动指令的精确移动轨迹。

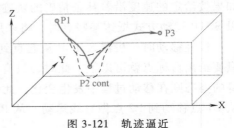

图 3-121　轨迹逼近

SPTP 运动的轨迹逼近是不可预见的，相比点的精确暂停，轨迹逼近具有如下的优势：

1）这些点之间不再需要制动和加速，所以运动系统受到的磨损减少。

2）节拍时间得以优化，程序可以更快地运行。

图 3-122 所示为精确暂停运动和轨迹逼近运动的比较示意图，上方为精确暂停运动，下方为轨迹逼近运动。轨迹逼近运动方式可以在中间定位点保持运动速度不变。

轨迹逼近在 SPTP 运动、SLIN 运动和 SCIRC 运动中均适用。

（1）SPTP 运动的轨迹逼近　机器人 TCP 离开可以准确到达目标点的轨迹，采用另一条更快的轨迹。在运动编程时即确定了与目标点的距离，即所允许的 TCP 最早偏离轨迹时与目标点的距离。

它的轨迹变化不可预见，而且在轨迹的哪一侧经过也无法预测，如图 3-123 所示。

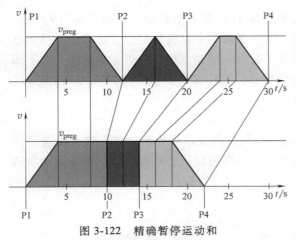

图 3-122　精确暂停运动和
轨迹逼近运动的比较

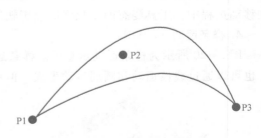

图 3-123　SPTP 运动的轨迹逼近

（2）SLIN 运动和 SCIRC 运动轨迹逼近　机器人 TCP 离开可以准确到达目标点的轨迹，采用另一条更快的轨迹。逼近距离这个值确定了从结束点到逼近运动开始点的距离。它的轨迹曲线不是圆弧，相当于两条抛物线。图 3-124 所示为 SLIN 运动轨迹逼近，图 3-125 所示为 SCIRC 与 SLIN 运动的轨迹逼近。

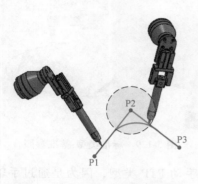

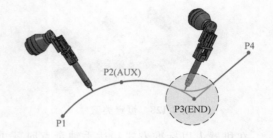

图 3-124 SLIN 运动的轨迹逼近 　　　　　图 3-125 SCIRC 与 SLIN 运动的轨迹逼近

四、运动姿态的导引

机器人在沿轨迹运动过程中，其 TCP 在运动的起点和目标点处的方向可能不同，起始方向过渡到目标方向可以有多种方式。沿轨迹运动的姿态导引可在移动参数设置窗口中进行设置。

1. 在 SLIN 运动方式下的姿态导引

SLIN 运动方式的姿态导引类型有三种，分别为标准、手动 PTP 和恒定类型。

（1）标准类型　标准类型是指工具的方向在运动过程中不断变化，如图 3-126 所示。

（2）手动 PTP 类型　该类型是指工具的方向在运动过程中不断变化，如图 3-127 所示，这是由手轴角度的线性转换（与轴相关的运行）造成的，但这种变化是不均匀的，所以当机器人需要精确保持特定方向运行时，不宜使用该类型的姿态导引。

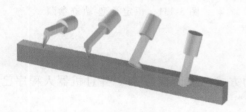

图 3-126 标准类型 　　　　　　　　　图 3-127 手动 PTP 类型

在机器人以标准方式到达手轴奇点（即轴 A4 和 A6 相互平行，且轴 A5 处于 ±0.01812° 范围内）时，就可以使用手动 PTP 类型，因为是通过手轴角度的线性轨迹逼近（按轴坐标的移动）进行姿态变化。

（3）恒定类型　机器人以该类型运动时，工具的姿态在运动期间保持不变，与在起点所示教的一样。对于目标点来说，已编程方向被忽略，而起点的已编程方向仍然保持，如图 3-128 所示。

2. 在 SCIRC 运动方式下的姿态导引

机器人 SCIRC 运动方式下的姿态导引与 SLIN 基本相同，也有三种。

（1）标准类型和手动 PTP 类型　采用这两种类型的姿态导引时，工具的方向在运动过程中均不断变化。图 3-129 所示为在标准类型模式下，以基准为参照下的工具移动示意图。

图 3-128　恒定类型

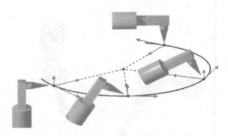

图 3-129　标准类型-基准参照

在机器人以标准方式到达手轴奇点时就可以使用手动 PTP 类型，因为是通过手轴角度的线性轨迹逼近（按轴坐标的移动）进行姿态变化。

（2）恒定类型　机器人以该类型运动时，工具的姿态在运动期间保持不变，与在起点示教时一样，在目标点示教的姿态被忽略。依据参照基准的不同，工具的运动形式稍有不同，这里的参照基准主要有两种：以基准为参照和以轨迹为参照。

采用恒定类型的导引，以基准为参照时，机器人 TCP 的运动如图 3-130 所示。

采用恒定类型的导引，以轨迹为参照时，机器人 TCP 的运动如图 3-131 所示。

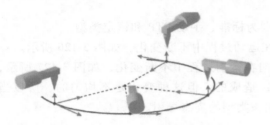

图 3-130　恒定类型-基准参照

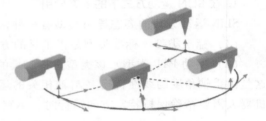

图 3-131　恒定类型-轨迹参照

五、创建 SPTP、SLIN、SCIRC 指令的运动

1. 创建 SPTP 运动

在创建 SPTP 运动前，需要确保机器人的运动方式已经设置为 T1，并且机器人程序已打开。SPTP 操作步骤见表 3-16。

表 3-16　SPTP 操作步骤

序号	操作步骤	图片说明
1	手动操作将机器人 TCP 移向应被设为目标点的位置	
2	将光标设置在其后应添加运动指令的那一行中	

（续）

序号	操作步骤	图片说明
3	点击【指令】按钮，在出现的下拉列表中选择【运动】，选择指令【SPTP】，将会出现 SPTP 指令的联机表单	① ② ③ ④ ⑤ ⑥ SPTP P1 CONT Vel= 100 % PDAT1 ADAT1
4	在联机表单中输入程序信息	序号①——运动方式：SPTP 序号②——目标点的名称。系统自动赋予名称，名称可以被改写，需要编辑点数据时点击箭头，相关选项窗口即自动打开 序号③——CONT 表示目标点被轨迹逼近，空白项表示将精确地移至目标点 序号④——速度。采用 SPTP 时，速度为 1%～100%；采用 SLIN 时，速度为 0.001～2m/s 序号⑤——运动数据组名称。系统自动赋予名称，名称可以被改写，需要编辑点数据时点击箭头，相关选项即自动打开 序号⑥——通过切换参数可显示和隐藏该栏目，表示含逻辑参数的数据组名称。系统自动赋予一个名称，名称可以被改写，需要编辑点数据时点击箭头，相关选项即自动打开
5	在"坐标系"选项窗口中选择输入工具和基坐标系的正确数据，以及关于插补模式的数据和碰撞监控的数据	工具 NULLFRAME ① 基坐标 NULLFRAME ② 外部 TCP False ③ 碰撞识别 False ④ 坐标系 序号①——选择工具。如果"外部 TCP"栏中显示 True，为选择工件，值域为 1～16 序号②——选择基坐标系。如果"外部 TCP"栏中显示 True，表示选择固定工具，值域为 1～32 序号③——插补模式。"外部 TCP"为 False 表示该工具已安装在连接法兰处，为 True 表示该工具为一个固定工具 序号④——碰撞识别。True 表示机器人控制系统为该运动计算轴的转矩，用于碰撞识别；False 表示机器人控制系统不为该运动计算轴的转矩，因此对该运动无法进行碰撞识别
6	在"移动参数"选项窗口中可将加速度从最大值降下来。如果已经激活轨迹逼近，则可以更改轨迹逼近距离。根据配置的不同，该距离的单位可以设置为 mm 或%	加速 [%] 圆滑过渡距离 [mm] ① − 100 + − 100 + ② 移动参数

（续）

序号	操作步骤	图片说明
6	在"移动参数"选项窗口中可将加速度从最大值降下来。如果已经激活轨迹逼近，则可以更改轨迹逼近距离。根据配置的不同，该距离的单位可以设置为mm或%	序号①——加速度。以机床数据中给出的最大值为准，最大值与机器人类型和所设定的运行方式有关，该加速度适用于该运动语句的主要轴 序号②——只有在联机表单中选择了CONT之后，此栏才显示。设定离目标点的距离，即最早开始轨迹逼近的距离，最大距离可为从起点到目标点之间的一半距离，以无轨迹逼近SPTP运动的轨迹为基准
7	点击【指令OK】按钮，完成指令的添加，TCP的当前点位置被作为目标点示教	

2. 创建 SLIN 运动

在进行机器人 SLIN 运动示教编程之前，需要确保机器人处于 T1 运行模式下，并且机器人程序已打开。SLIN 操作步骤见表 3-17。

表 3-17　SLIN 操作步骤

序号	操作步骤	图片说明
1	将机器人的 TCP 移向应被设为目标点的位置	
2	将光标定位在需要添加程序的空行处	
3	点击【指令】按钮，在出现的下拉列表中选择【动作】，选择指令【LIN】，此时，出现SLIN运动联机表格	 序号①——线性运动方式:SLIN 序号②——目标点的名称。系统自动赋予名称，名称可以被改写，需要编辑点数据时点击箭头，相关选项窗口即自动打开 序号③——CONT表示目标点被轨迹逼近，空白项表示将精确地移至目标点 序号④——速度。采用SPTP时，速度为1%～100%;采用SLIN时，速度为0.001～2m/s
4	在联机表单中输入相应的程序信息	序号⑤——运动数据组名称。系统自动赋予名称，名称可以被改写，需要编辑点数据时点击箭头，相关选项即自动打开 序号⑥——通过切换参数可显示和隐藏该栏目，表示含逻辑参数的数据组名称。系统自动赋予一个名称，名称可以被改写，需要编辑点数据时点击箭头，相关选项即自动打开
5	点击目标点右边的箭头图标，即可打开"坐标系"设置窗口，输入工具和基坐标的相关数据，以及关于插补模式的数据和碰撞监控的相关数据	

（续）

序号	操作步骤	图片说明
5	点击目标点右边的箭头图标，即可打开"坐标系"设置窗口，输入工具和基坐标的相关数据，以及关于插补模式的数据和碰撞监控的相关数据	序号①——选择工具。如果"外部 TCP"栏中显示 True，为选择工件，值域为 1~16 序号②——选择基坐标系。如果"外部 TCP"栏中显示 True，表示选择固定工具，值域为 1~32 序号③——插补模式。"外部 TCP"为 False 表示该工具已安装在连接法兰处，为 True 表示该工具为一个固定工具 序号④——碰撞识别。True 表示机器人控制系统为该运动计算轴的转矩，用于碰撞识别；False 表示机器人控制系统不为该运动计算轴的转矩，因此对该运动无法进行碰撞识别
6	在"移动参数"设置窗口中可以设置加速度和传动装置加速度变化率，另外，如果已经激活轨迹逼近（即选择 CONT），则可更改轨迹逼近距离，机器人的方向导引也可在该窗口中进行设置。点击运动数据组处的箭头，"移动参数"设置窗口打开	 序号①——轴速。数值以机床中给出的最大值为基准，范围为 1%~100% 序号②——轴加速度。数值以机床中给出的最大值为基准，范围为 1%~100% 序号③——传动装置加速度变化率。数值以机床中给出的最大值为基准，范围为 1%~100% 序号④——选择姿态导引。可选择标准、手动 PTP、恒定类型的方向导引 序号⑤——只有在联机表单中选择了 CONT 之后，此栏才显示 设定离目标点的距离，即最早在此处开始逼近，该距离最大可为起始点至目标点距离的一半，如果在此处输入了一个更大的数值，则该值将被忽略而采用最大值
7	各个选项设置完成后，点击【指令 OK】按钮，程序创建完成，TCP 的当前位置被当作目标点进行示教	

3. 创建 SCIRC 运动

在进行机器人 SCIRC 运动示教编程之前，需要确保机器人处于 T1 运行模式下，并且机器人程序已打开。SCIRC 操作步骤见表 3-18。

表 3-18 SCIRC 操作步骤

序号	操作步骤	图片说明
1	将光标定位在需要添加程序的空行处	
2	点击【指令】按钮，在出现的下拉列表中选择【动作】，选择指令【SCIRC】，此时，出现 SCIRC 运动联机表格	① ② ③ ④ ⑤ ⑥ SCIRC P1 P2 ▶ CONT Vel= 2 m/s CPDAT2 ▶ ANGLE = 90 ° ADAT1 ▶ ⑦ ⑧

（续）

序号	操作步骤	图片说明
3	在联机表单中输入相应的程序信息	序号①——机器人运动方式：SCIRC 序号②——辅助点名称，由系统自动赋予，可以被改写 序号③——目标点名称，由系统自动赋予，可以被改写 序号④——CONT 表示目标点被轨迹逼近，空白表示精确移动到目标点 序号⑤——速度。机器人速度范围为 0.001～2m/s 序号⑥——运动数据组名称，由系统自动赋予，可以被改写，需要编辑点数据时点击箭头，相关选项即自动打开 序号⑦——ANGLE 表示机器人在执行圆周运动时所转过的角度，范围为 −9999°～＋9999°。如果输入的圆心角小于−400°或大于＋400°，则在保存联机表单时，系统会自动询问是否要确认或取消输入 序号⑧——通过切换参数可显示或隐藏该栏，表示含逻辑参数的数据组名称，由系统自动赋予，可以被改写，需要编辑数据时点击箭头，相关选项即自动打开
4	点击目标点右边的箭头图标，即可打开"坐标系"设置窗口，输入工具和基坐标的相关数据，以及关于插补模式的数据和碰撞监控的相关数据	
5	点击数据组旁的箭头，打开参数选项窗口，在"移动参数"选项窗口中可设置加速度和传动装置加速度变化率，如果已经激活轨迹逼近，则可以更改轨迹逼近的距离，另外还可以设置圆周运动的方向导引	 序号①——轴速。数值以机床数据中给出的最大值为准，范围为 1%～100% 序号②——轴加速度。数值以机床数据中给出的最大值为准，范围为 1%～100% 序号③——传动装置加速度变化率。数据以机床数据中给出的最大值为准，范围为 1%～100% 序号④——选择姿态导引。可选择标准、手动 PTP、恒定类型的方向导引 序号⑤——选择姿态导引的参照系：以基准为参照、以轨迹为参照 序号⑥——只有在联机表单中选择了 CONT 之后，此栏才显示。设定离目标点的距离，即最早在此处开始逼近，该距离最大可为起始点至目标点距离的一半，如果在此处输入了一个更大的数值，则该值将被忽略而采用最大值
6	移动参数设置完成后，点击参数选项窗口中的【圆周配置】标签，可设置辅助点的特性，该选项是在 SCIRC 运动中为辅助点设置编程姿态而设定的，仅在专家用户组以上级别可用	

（续）

序号	操作步骤	图片说明
6	移动参数设置完成后,点击参数选项窗口中的【圆周配置】标签,可设置辅助点的特性,该选项是在 SCIRC 运动中为辅助点设置编程姿态而设定的,仅在专家用户组以上级别可用	序号①——选择辅助点上的姿态特性,有三种:Consider,机器人控制系统选择接近辅助点编程姿态的路径(此项为默认选项);Interpolate,TCP 在辅助点上接受已编程的姿态;Ignore,机器人控制系统忽略辅助点的编程姿态,TCP 的起始姿态以最短的距离过渡到目标姿态 序号②——只有在联机表格中选择了 ANGLE 之后,此栏才显示 选择目标点上的姿态特性,有两个选项:Extrapolate,姿态根据圆心角调整,如果圆心角延长运动,则在编程目标点上接受已编程的姿态,继续调整姿态直至实际目标点,如果圆心角缩短运动,则不会达到已编程的姿态;Interpolate,在实际的目标点上接受目标点的编程姿态
7	移动参数选项设置完成后,将机器人 TCP 移至要示教的圆弧辅助点,然后点击【辅助点坐标】,保存辅助点坐标数据	
8	将机器人 TCP 移至要示教的目标点,点击【目标点坐标】,保存目标点数据	
9	点击【指令 OK】按钮,完成指令程序	

3.5.4 机器人的逻辑编程控制

机器人在工作过程中不可能一直进行单一运动，有可能会停下来等待其他设备动作，也有可能控制末端执行器动作，那么如何让机器人在一个位置点上停止 3s 后继续运动？如何让机器人向 PLC 输出信号？如何让机器人等待 PLC 的反馈信号？这就需要用到 KUKA 机器人的逻辑指令。图 3-132 所示为机器人与外围设备进行信号交互。

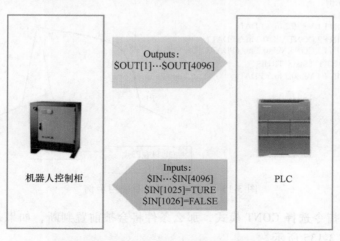

机器人控制柜

Outputs:
$OUT[1]···$OUT[4096]

Inputs:
$IN···$IN[4096]
$IN[1025]=TURE
$IN[1026]=FALSE

PLC

图 3-132 机器人与外围设备进行信号交互

KUKA 有不同的逻辑指令供运动编程使用，可根据对机器人工作流程的要求来进行逻辑编程。编写程序时，有如下逻辑指令可供选择：

1）WAIT：等待时间指令。

2）WAITFOR：等待信号功能指令。

3）OUT：输出信号指令。

1. 输出信号指令（OUT）

1）如果选择 OUT 指令，那么可设置的参数如图 3-133 所示，其说明见表 3-19。

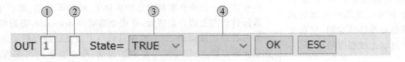

图 3-133　OUT 指令

表 3-19　OUT 指令参数说明

序号	值	备注
①	1～4096	OUTPUT 编号
②	" " EXISTING long text name	当系统处于专家模式时,编辑长文本名字 （类似于注释）
③	TRUE FALSE	OUTPUT 的开关状态
④	" " CONT	不采用前置判断 采用前置判断

2）如果 OUT 指令采用打断前置判断的形式，每一个点都会精确到达（即使条件已经满足），如图 3-134 所示。

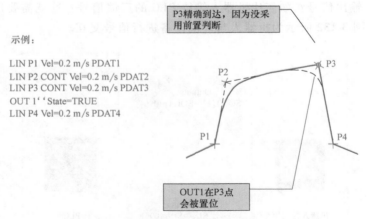

P3精确到达，因为没采用前置判断

示例：

LIN P1 Vel=0.2 m/s PDAT1
LIN P2 CONT Vel=0.2 m/s PDAT2
LIN P3 CONT Vel=0.2 m/s PDAT3
OUT 1' 'State=TRUE
LIN P4 Vel=0.2 m/s PDAT4

OUT1在P3点会被置位

图 3-134　打断前置判断应用示例

3）如果 OUT 指令选择 CONT 模式，那么条件将会被前置判断，如果条件满足，就会采用逼近方式，如图 3-135 所示。

2. 等待时间指令（WAIT）

如果选择 WAIT 指令，可以指定等待时间，如图 3-136 所示。这条指令会打断前置判断，即使等待时间是 0s。图 3-137 所示为等待时间指令应用于轨迹。

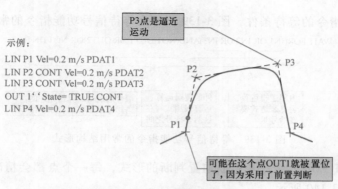

图 3-135 前置判断应用示例

图 3-136 时间等待指令

3. 等待信号功能指令（WAIT FOR）

1）如果选择 WAIT FOR 指令，可设置的参数如图 3-138 所示，其说明见表 3-20。

示例：
PTP P1 Vel=100% PDAT1
PTP P2 Vel=100% PDAT2
WAIT Time=1 sec
PTP P3 Vel=100% PDAWT3

图 3-137 等待时间指令应用示例

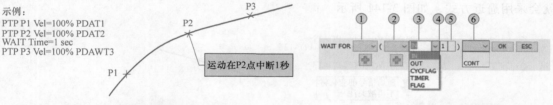

图 3-138 等待信号功能指令

表 3-20 等待信号功能指令参数说明

序号	值	备注
1	" " NOT	插入一个外部的逻辑运算 （例如：WAIT FOR（IN1）AND（IN2）） 布尔表达式取反
2	" " "NOT"	插入一个内部逻辑运算 （例如：WAIT FOR（IN1）AND（IN2）） 布尔表达式取反
3	IN、OUT、TIMER、FLAG、CYCFLAG	输入/输出、计时器、标志位、用户自定义的名字
4	1~4096	输入/输出、标志位、计时器的编号
5	" " EXISTING long text name	当系统处于专家模式时，编辑长文本名字 （类似于注释）
6	" " CONT	不采用前置判断 采用前置判断

2）可以编写指令的等待条件，图 3-139 所示为等待信号功能指令的常用结构形式。

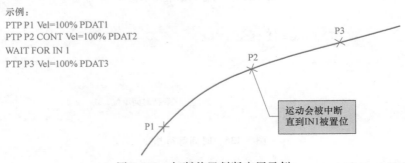

WAIT FOR(IN1 OR IN2 OR IN3)AND(NOT OUT1 OR OUT2)OR NOT (IN4)

内部逻辑运算：运算表达式要写在括号里

外部逻辑运算：运算表达式写在这两个括号之间

混合的逻辑运算是允许的，一条指令最多可以有12个操作符

图 3-139　等待信号功能指令的常用结构形式

3）如果 WAIT FOR 指令采用打断前置判断的形式，每一个点都会精确到达（即使条件已经满足），如图 3-140 所示。

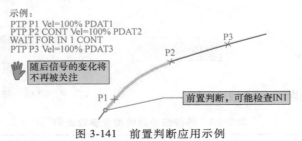

示例：
PTP P1 Vel=100% PDAT1
PTP P2 CONT Vel=100% PDAT2
WAIT FOR IN 1
PTP P3 Vel=100% PDAT3

运动会被中断直到IN1被置位

图 3-140　打断前置判断应用示例

4）如果 WAIT FOR 指令选择 CONT 模式，那么条件将会被前置判断，如果条件满足，就会采用逼近方式，如图 3-141 所示。

示例：
PTP P1 Vel=100% PDAT1
PTP P2 CONT Vel=100% PDAT2
WAIT FOR IN 1 CONT
PTP P3 Vel=100% PDAT3

随后信号的变化将不再被关注

前置判断，可能检查IN1

图 3-141　前置判断应用示例

3.5.5　程序编写、调试与运行

一、程序设计

编程是一个比较复杂的过程，可以将其分步骤来完成，首先根据工艺过程规划实现机器人搬运码垛的路径程序，需要编写的是"工序 1"的运动程序。操作步骤见表 3-21。

码垛程序编写与调试

```
DEF BAN_YUN ( )
INI
PTP HOME   Vel= 100 % DEFAULT                    ！机器人回 HOME 点
PTP P1   Vel= 100 % PDAT1 Tool［1］Base［1］      ！机器人到达 P1 点
```

```
LIN P2    Vel = 2 m/s CPDAT1 Tool[1] Base[1]          ！机器人到达 P2 点
LIN P3    Vel = 2 m/s CPDAT2 Tool[1] Base[1]          ！机器人到达 P3 点
OUT 1  qi zhua    State = TRUE                         ！气爪夹紧
WAIT Time = 1 sec                                      ！等待 1s
LIN P4    Vel = 2 m/s CPDAT3 Tool[1] Base[1]          ！机器人到达 P4 点
LIN P5    Vel = 2 m/s CPDAT4 Tool[1] Base[1]          ！机器人到达 P5 点
LIN P6    Vel = 2 m/s CPDAT5 Tool[1] Base[1]          ！机器人到达 P6 点
OUT 1  qi zhua    State = FALSE                        ！气爪松开
WAIT FOR ( IN 3  liao jin jian ce )                   ！等待输入信号 IN3
LIN P7    Vel = 2 m/s CPDAT6 Tool[1] Base[1]          ！机器人到达 P7 点
LIN P8    Vel = 2 m/s CPDAT7 Tool[1] Base[1]          ！机器人到达 P8 点
OUT 1  qi zhua    State = TRUE                         ！气爪夹紧
WAIT Time = 1 sec                                      ！等待 1s
LIN P9    Vel = 2 m/s CPDAT8 Tool[1] Base[1]          ！机器人到达 P9 点
LIN P10   Vel = 2 m/s CPDAT9 Tool[1] Base[1]          ！机器人到达 P10 点
OUT 1  qi zhua    State = FALSE                        ！气爪松开
WAIT Time = 1 sec                                      ！等待 1s
PTP P11   Vel = 100 % PDAT1 Tool[1] Base[1]           ！机器人到达 P11 点
PTP HOME  Vel = 100 % DEFAULT                          ！机器人返回 HOME 点
END                                                    ！结束
```

二、示教步骤

表 3-21　实现搬运码垛的路径程序的操作步骤

序号	操作步骤	图片说明
1	在示教器界面下方点击【新】按钮,创建新的程序模块	

（续）

序号	操作步骤	图片说明
2	用弹出的键盘输入程序模块的名称。注意：程序模块名称只能以英文开头，点击回车键，完成创建	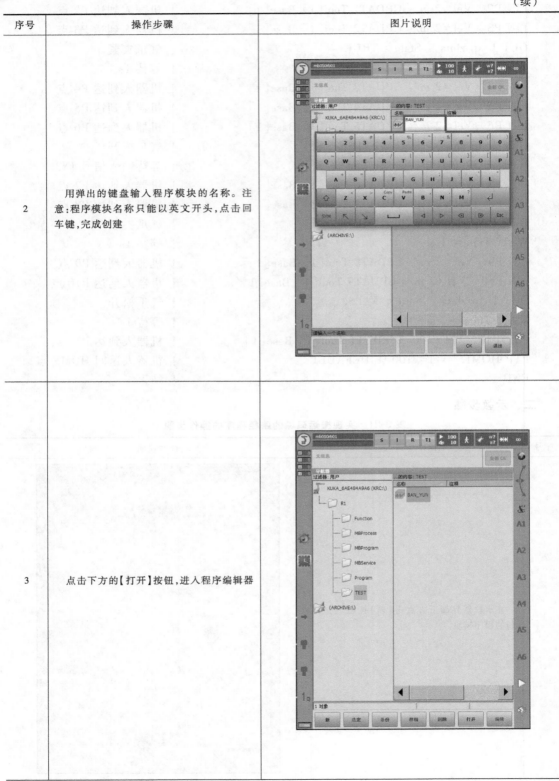
3	点击下方的【打开】按钮，进入程序编辑器	

（续）

序号	操作步骤	图片说明
4	手动操作机器人，将 TCP 移至工作台的正上方作为安全点 P1	
5	在程序编辑界面中将光标置于 HOME 程序行	
6	点击下方【指令】按钮，选择【运动】	

（续）

序号	操作步骤	图片说明
7	选择指令【PTP】	
8	点击指令联机表单中名称旁的箭头图标，进入坐标系选择窗口，进行坐标系的设置	
9	点击【指令 OK】按钮	

（续）

序号	操作步骤	图片说明
10	指令添加完成	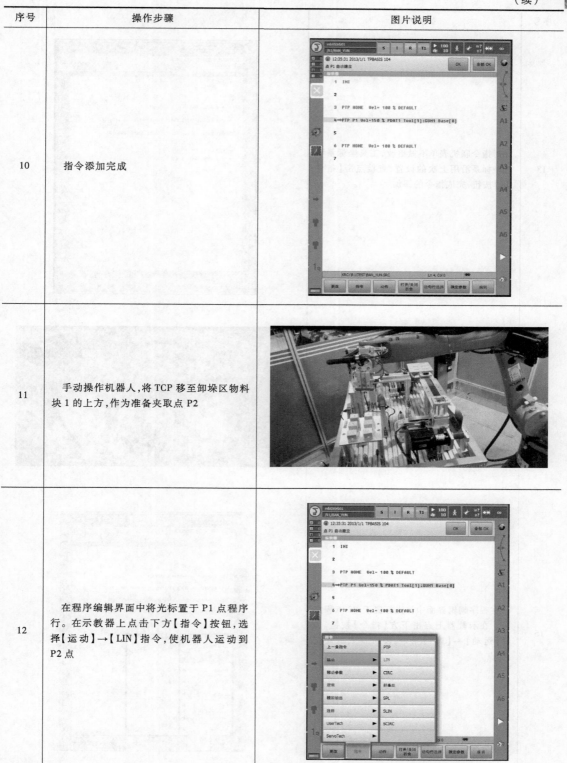
11	手动操作机器人，将 TCP 移至卸垛区物料块 1 的上方，作为准备夹取点 P2	
12	在程序编辑界面中将光标置于 P1 点程序行。在示教器上点击下方【指令】按钮，选择【运动】→【LIN】指令，使机器人运动到 P2 点	

（续）

序号	操作步骤	图片说明
13	对指令联机表单不做更改，工具坐标系和基坐标系沿用上次的设置，直接点击【指令OK】按钮，完成指令的添加	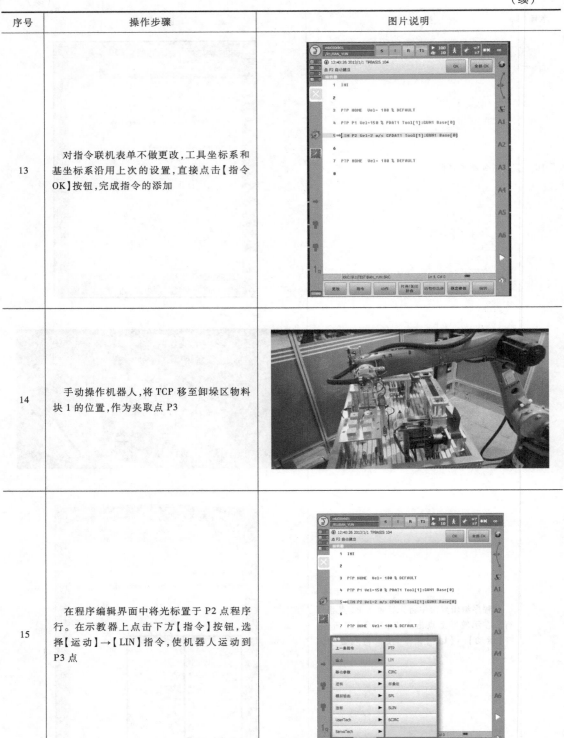
14	手动操作机器人，将TCP移至卸垛区物料块1的位置，作为夹取点P3	
15	在程序编辑界面中将光标置于P2点程序行。在示教器上点击下方【指令】按钮，选择【运动】→【LIN】指令，使机器人运动到P3点	

（续）

序号	操作步骤	图片说明
16	点击【指令 OK】按钮，完成指令的添加	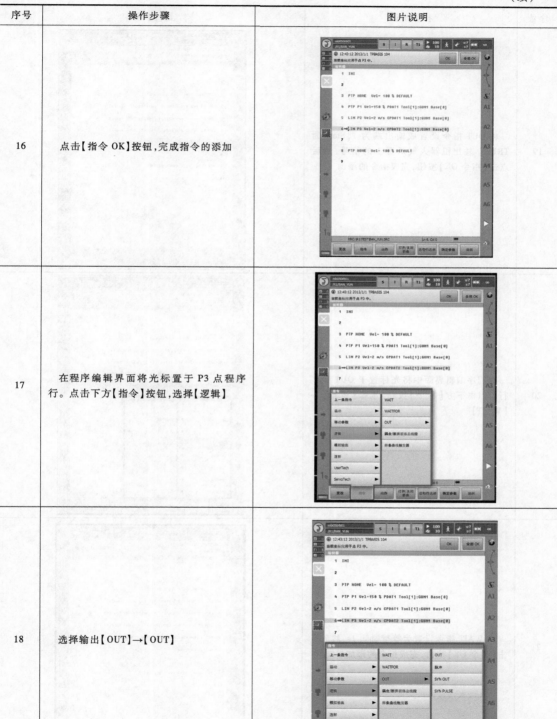
17	在程序编辑界面将光标置于 P3 点程序行。点击下方【指令】按钮，选择【逻辑】	
18	选择输出【OUT】→【OUT】	

（续）

序号	操作步骤	图片说明
19	将 OUT 指令设置成输出端为 1，State 为 TRUE。输出机器人气爪置 1 的信号，然后点击【指令 OK】按钮，完成指令的添加	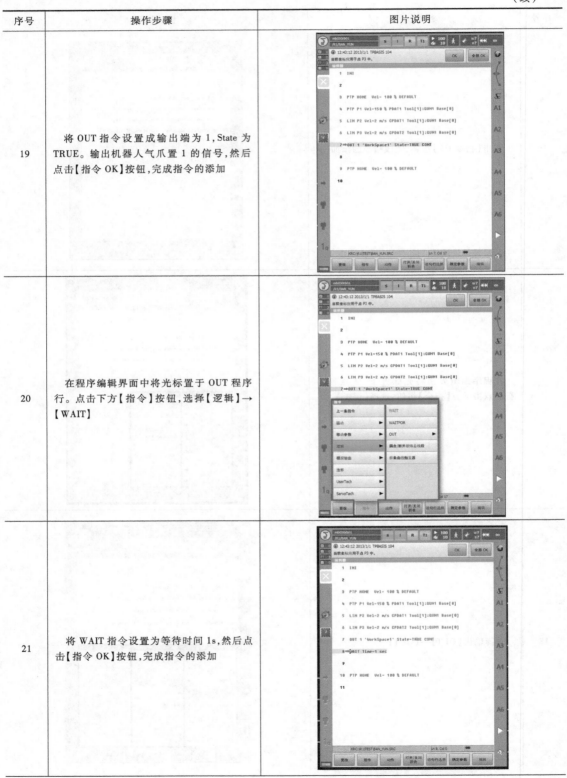
20	在程序编辑界面中将光标置于 OUT 程序行。点击下方【指令】按钮，选择【逻辑】→【WAIT】	
21	将 WAIT 指令设置为等待时间 1s，然后点击【指令 OK】按钮，完成指令的添加	

（续）

序号	操作步骤	图片说明
22	手动操作机器人,将 TCP 移至卸垛区夹取点 P3 的正上方,距离大于料井高度,作为 P4 点	
23	在示教器上点击下方【指令】按钮,选择添加 LIN 指令,使机器人运动到 P4 点	
24	对指令联机表单不做更改,工具坐标系和基坐标系沿用上次的设置,直接点击【指令 OK】按钮,完成指令的添加	

（续）

序号	操作步骤	图片说明
25	手动操作机器人,将 TCP 移至料井的正上方,作为 P5 点	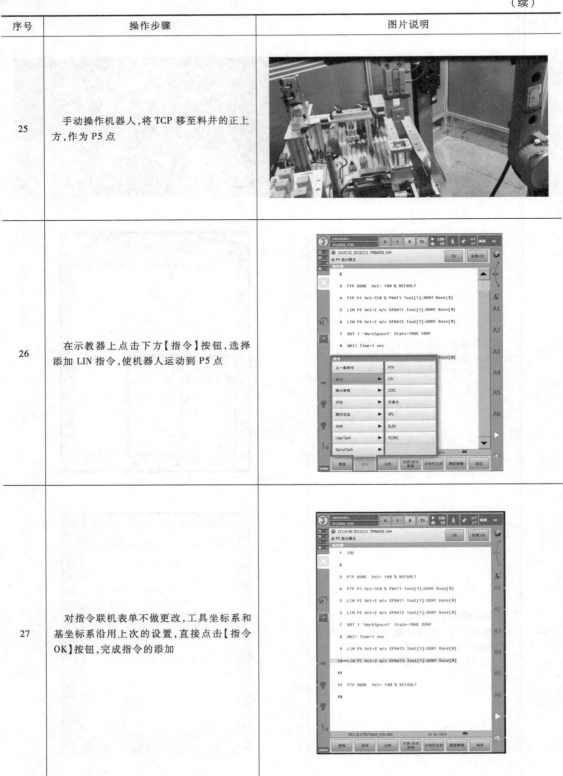
26	在示教器上点击下方【指令】按钮,选择添加 LIN 指令,使机器人运动到 P5 点	
27	对指令联机表单不做更改,工具坐标系和基坐标系沿用上次的设置,直接点击【指令 OK】按钮,完成指令的添加	

（续）

序号	操作步骤	图片说明
28	手动操作机器人，将 TCP 移至靠近料井的正上方（要保证物料块能顺利掉到料井底部），作为 P6 点	
29	在示教器上点击下方【指令】按钮，选择添加 LIN 指令，使机器人运动到 P6 点	
30	对指令联机表单不做更改，工具坐标系和基坐标系沿用上次的设置，直接点击【指令 OK】按钮，完成指令的添加	

（续）

序号	操作步骤	图片说明
31	在程序编辑界面中将光标置于 P6 点程序行。点击下方【指令】按钮,选择【逻辑】→【OUT】→【OUT】	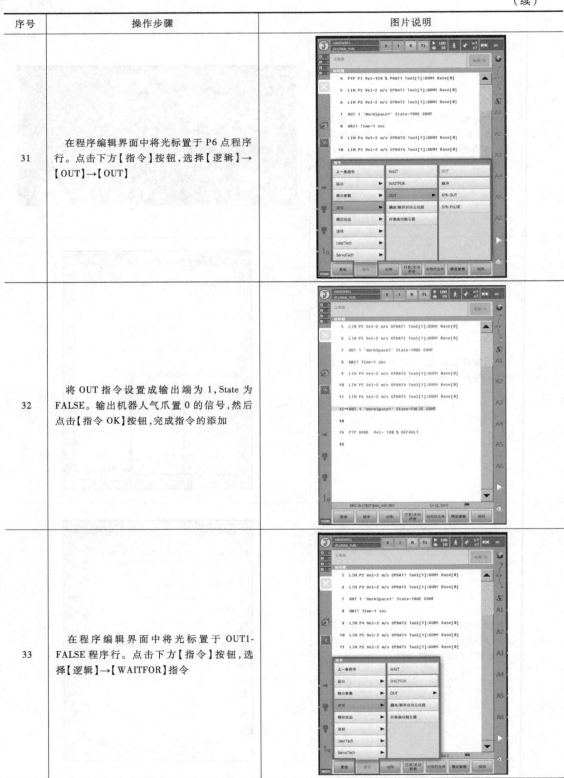
32	将 OUT 指令设置成输出端为 1,State 为 FALSE。输出机器人气爪置 0 的信号,然后点击【指令 OK】按钮,完成指令的添加	
33	在程序编辑界面中将光标置于 OUT1-FALSE 程序行。点击下方【指令】按钮,选择【逻辑】→【WAITFOR】指令	

（续）

序号	操作步骤	图片说明
34	将 WAITFOR 指令设置成输入端为 1，等待 DI1 为"真"。等待传送带上物料到达检测的反馈信号，然后点击【指令 OK】按钮，完成指令的添加	
35	手动操作机器人，将 TCP 移至传送带末端的正上方，作为 P7 点	
36	在示教器上点击下方【指令】按钮，选择添加 LIN 指令，使机器人运动到 P7 点	

Industrial Robot

3

113

（续）

序号	操作步骤	图片说明
37	对指令联机表单不做更改,工具坐标系和基坐标系沿用上次的设置,直接点击【指令OK】按钮,完成指令的添加	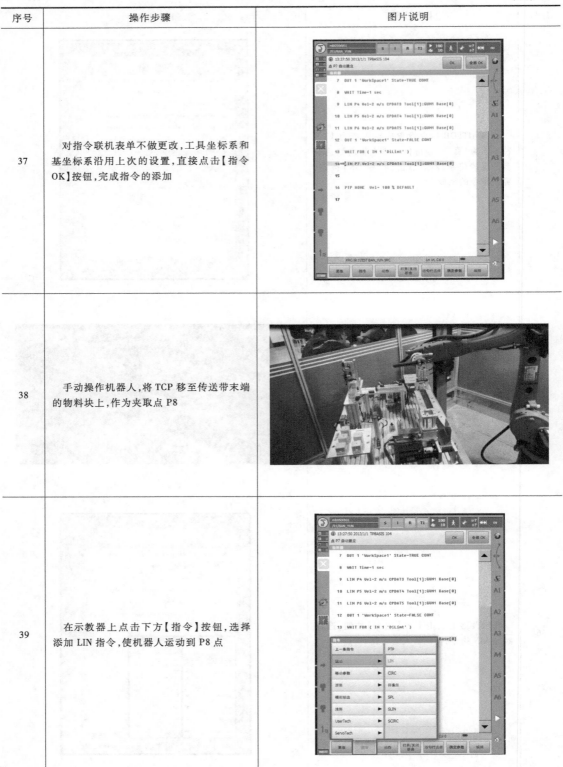
38	手动操作机器人,将 TCP 移至传送带末端的物料块上,作为夹取点 P8	
39	在示教器上点击下方【指令】按钮,选择添加 LIN 指令,使机器人运动到 P8 点	

（续）

序号	操作步骤	图片说明
40	对指令联机表单不做更改，工具坐标系和基坐标系沿用上次的设置，直接点击【指令OK】按钮，完成指令的添加	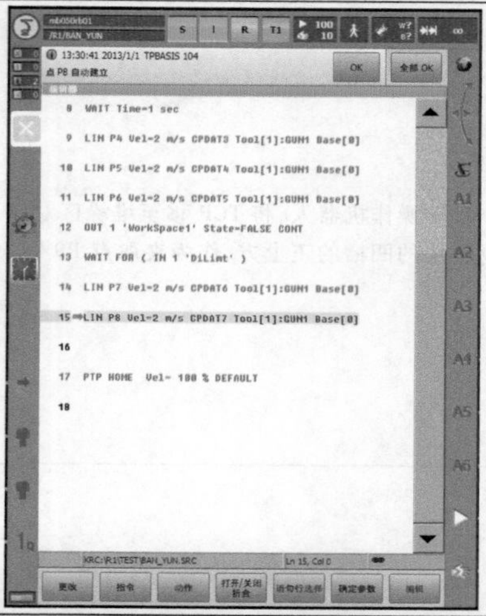
41	在程序编辑界面中将光标置于 P8 点程序行。点击下方【指令】按钮，选择【逻辑】→【OUT】→【OUT】	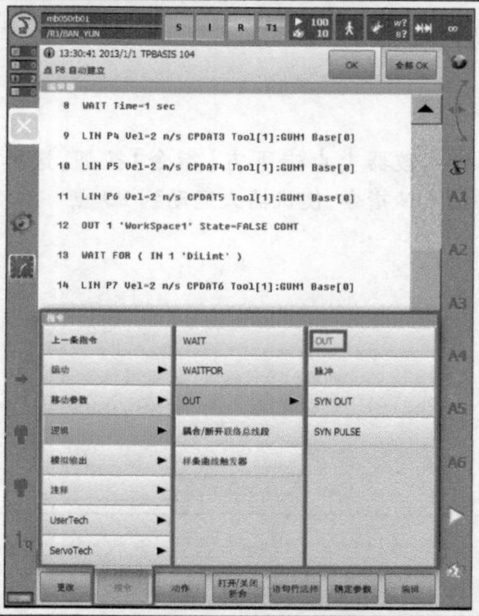
42	将 OUT 指令设置成输出端为 1，State 为 TRUE。输出机器人气爪置 1 的信号，然后点击【指令 OK】按钮，完成指令的添加	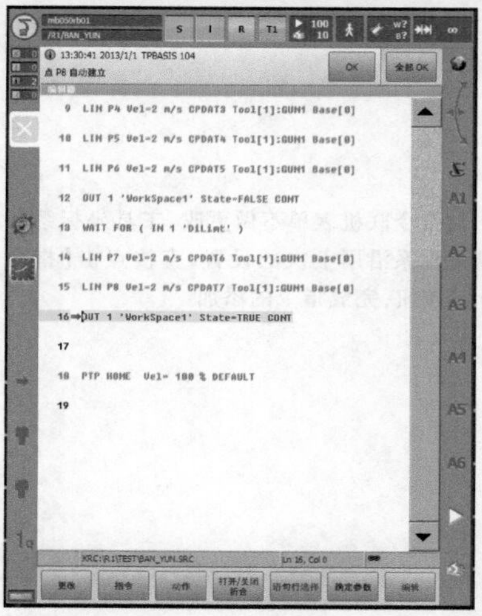

Industrial Robot

（续）

序号	操作步骤	图片说明
43	手动操作机器人，将 TCP 移至堆垛区对应物料块的凹槽的正上方，作为夹取点 P9	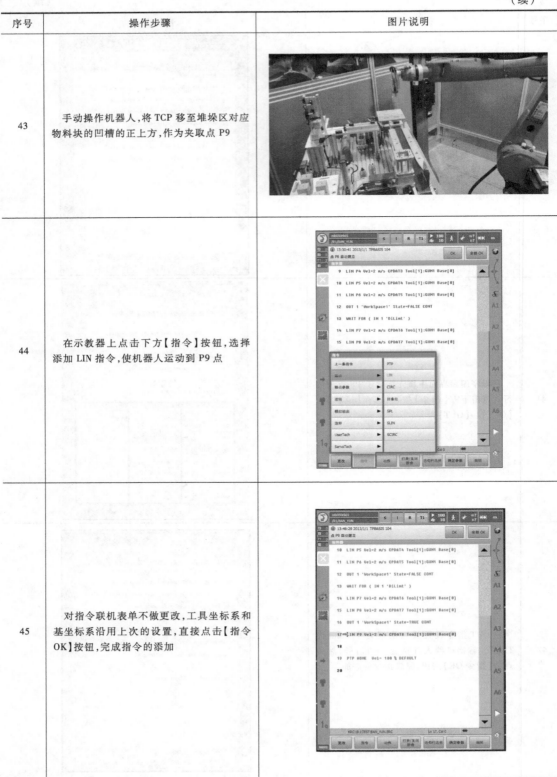
44	在示教器上点击下方【指令】按钮，选择添加 LIN 指令，使机器人运动到 P9 点	
45	对指令联机表单不做更改，工具坐标系和基坐标系沿用上次的设置，直接点击【指令 OK】按钮，完成指令的添加	

（续）

序号	操作步骤	图片说明
46	手动操作机器人，将 TCP 移至堆垛区对应物料块的凹槽处，作为放置点 P10	
47	在示教器上点击下方【指令】按钮，选择添加 LIN 指令，使机器人运动到 P10 点	
48	对指令联机表单不做更改，工具坐标系和基坐标系沿用上次的设置，直接点击【指令 OK】按钮，完成指令的添加	

（续）

序号	操作步骤	图片说明
49	在程序编辑界面中将光标置于 P10 点程序行。点击下方【指令】按钮，选择【逻辑】→【OUT】→【OUT】	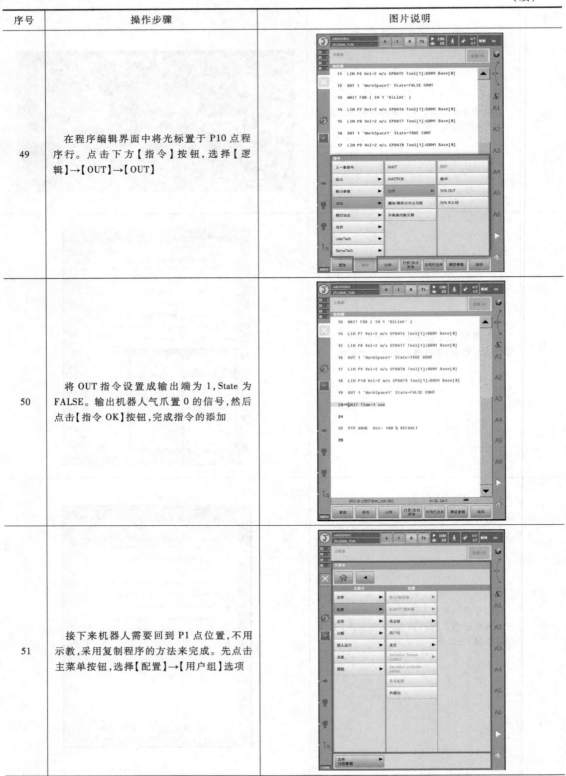
50	将 OUT 指令设置成输出端为 1，State 为 FALSE。输出机器人气爪置 0 的信号，然后点击【指令 OK】按钮，完成指令的添加	
51	接下来机器人需要回到 P1 点位置，不用示教，采用复制程序的方法来完成。先点击主菜单按钮，选择【配置】→【用户组】选项	

（续）

序号	操作步骤	图片说明
52	选中 Expert 专家模式,弹出键盘,输入登录密码"KUKA",点击【登录】按钮或者间隔一定时间自行登录	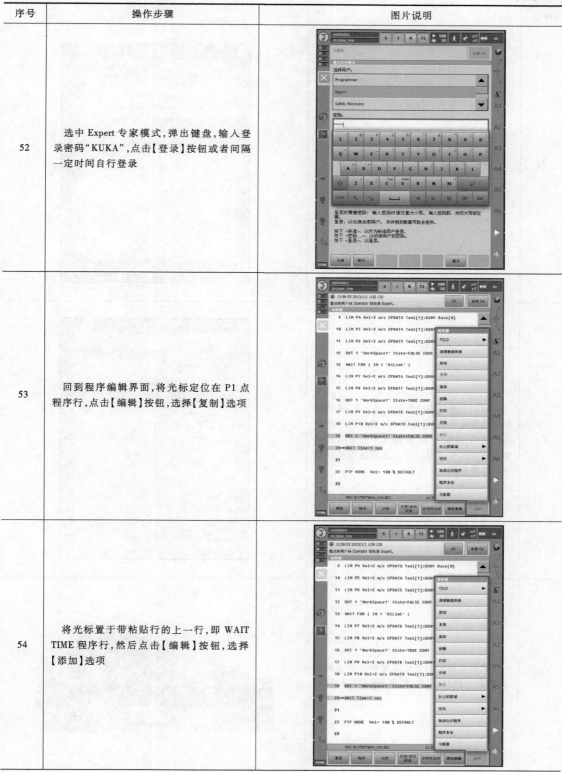
53	回到程序编辑界面,将光标定位在 P1 点程序行,点击【编辑】按钮,选择【复制】选项	
54	将光标置于带粘贴行的上一行,即 WAIT TIME 程序行,然后点击【编辑】按钮,选择【添加】选项	

（续）

序号	操作步骤	图片说明
55	程序行复制完成,顺延修改成 P11 点	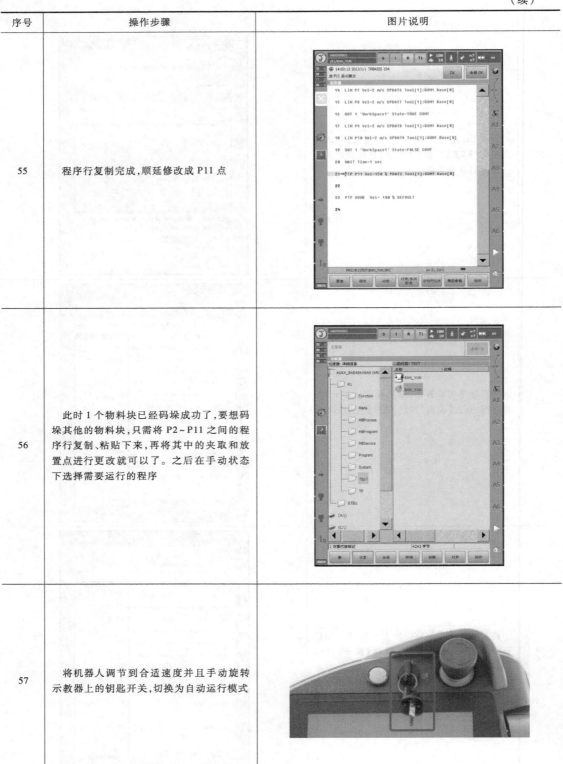
56	此时 1 个物料块已经码垛成功了,要想码垛其他的物料块,只需将 P2～P11 之间的程序行复制、粘贴下来,再将其中的夹取和放置点进行更改就可以了。之后在手动状态下选择需要运行的程序	
57	将机器人调节到合适速度并且手动旋转示教器上的钥匙开关,切换为自动运行模式	

（续）

序号	操作步骤	图片说明
58	按下使能键,再按下启动键,启动机器人	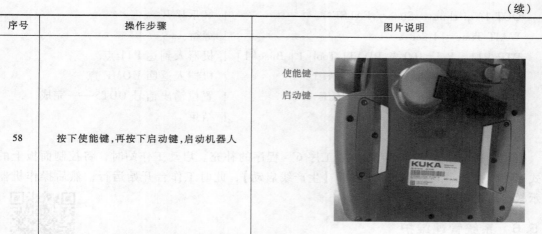

在图片说明中标注：使能键、启动键

三、程序完善

"工序 1"的路径程序调试没有问题后，根据机器人与外部设备通信信号，添加输出和输入信号指令，进行码垛搬运系统的联调。程序如下：

```
DEF BAN_YUN（ ）
INI
WAIT FOR（ IN 2  qi dong ）              ! 启动程序
PTP HOME    Vel= 100 % DEFAULT          ! 机器人回 HOME 点
PTP P1   Vel=100 % PDAT1 Tool［1］Base［1］  ! 机器人到达 P1 点
LIN P2    Vel=2 m/s CPDAT1 Tool［1］Base［1］  ! 机器人到达 P2 点
LIN P3    Vel=2 m/s CPDAT2 Tool［1］Base［1］  ! 机器人到达 P3 点
OUT 1  qi zhua    State = TRUE          ! 气爪夹紧
WAIT Time= 1 sec                        ! 等待 1s
LIN P4    Vel=2 m/s CPDAT3 Tool［1］Base［1］  ! 机器人到达 P4 点
LIN P5    Vel=2 m/s CPDAT4 Tool［1］Base［1］  ! 机器人到达 P5 点
LIN P6    Vel=2 m/s CPDAT5 Tool［1］Base［1］  ! 机器人到达 P6 点
OUT 1  qi zhua    State = FALSE         ! 气爪松开
WAIT FOR（ IN 3  liao jin jian ce ）     ! 等待输入信号 IN3
OUT 3  tui liao    State = TRUE         ! 置位输出信号 OUT3——推料
OUT 4  chuan song    State = TRUE       ! 置位输出信号 OUT4——电动机起动
WAIT FOR（ IN 1  wu liao dao da ）       ! 等待输入信号 IN1——物料到达
LIN P7    Vel=2 m/s CPDAT6 Tool［1］Base［1］  ! 机器人到达 P7 点
LIN P8    Vel=2 m/s CPDAT7 Tool［1］Base［1］  ! 机器人到达 P8 点
OUT 1  qi zhua    State = TRUE          ! 气爪夹紧
WAIT Time= 1 sec                        ! 等待 1s
LIN P9    Vel=2 m/s CPDAT8 Tool［1］Base［1］  ! 机器人到达 P9 点
LIN P10   Vel=2 m/s CPDAT9 Tool［1］Base［1］ ! 机器人到达 P10 点
```

```
OUT 1  qi zhua    State = FALSE                    ！气爪松开
WAIT Time = 1 sec                                  ！等待 1s
PTP P11    Vel = 100 % PDAT1 Tool[ 1 ] Base[ 1 ]   ！机器人到达 P11 点
PTP HOME    Vel = 100 % DEFAULT                     ！机器人返回 HOME 点
OUT 5  wan cheng    State = TRUE                    ！置位输出信号 OUT5——完成
END                                                ！结束
```

按照上述方法完成"工序 2"~"工序 6"程序的补充。启动工作站时，将控制面板上的模式开关切换到"自动模式"，按下【生产线启动】，此时工作台开始运行，然后操作机器人示教器启动机器人程序。

3.5.6 系统管理维护

一、数据维护

1. 数据的备份与恢复

（1）KUKA 机器人的存档途径　KUKA 机器人的相关数据可以进行存档，在每个存档过程中均会在相应的目标位置上生成一个 zip 文件，该文件与机器人同名，在机器人数据下可以为此文件确定一个自己的名称。

KUKA 机器人的存档位置有三个可供选择，如图 3-142 所示。

码垛系统管理维护

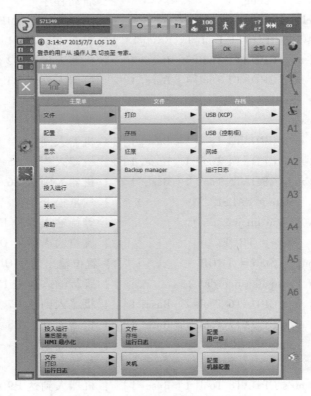

图 3-142　KUKA 机器人的存档位置

1）USB（KCP）：从示教器上插入 U 盘。

2）USB（控制柜）：从机器人控制柜 USB 插口上插入 U 盘。

3）网络：在一个网络路径上存档，所需的网络路径必须已在机器人系统里配置完成。

4）运行日志：机器人的运行记录。

（2）存档数据类型　对于 KUKA 机器人的存档数据，可以选择表 3-22 所列的菜单项进行操作。

表 3-22　KUKA 机器人数据存档

菜单项	存档的文件
所有	将还原当前系统所需的数据存档
应用	所有用户自定义的 KRL 模块和相应的系统文件均被存档
系统数据	将机器参数存档
Log 数据	将 Log 文件存档
KrcDiag	将数据存档，以便将其提供给 KUKA 机器人公司进行故障分析，在此将生成一个文件夹，其中可以写入 10 个 zip 文件，除此之外，在控制系统中将存档文件存放在 C:/KUKA/KrcDiag 下

如果通过"所有"方式进行存档，并且已有一个档案，则原有档案被覆盖。如果没有选择"所有"而选择了其他菜单项进行存档，并且已有一个档案，则机器人控制系统将机器人名与档案名进行比较，如果两个名称不同，则会弹出一个安全询问。如果多次用 KrcDiag 方式进行存档，则最多能创建 10 个档案，当档案再增加时，则覆盖最早的档案。

（3）存档的操作步骤

1）选择主菜单中的【文件】→【存档】→【USB（KCP）】或者【USB（控制柜）】以及所需的选项。

2）点击【是】确认安全询问，当存档过程结束时将显示信息提示窗口。

3）当 U 盘上的 LED 指示灯熄灭之后，将 U 盘取下。

注意：在对 KUKA 机器人数据进行存档时，仅允许使用 U 盘 KUKA. USBData；如果使用其他 U 盘，则可能造成数据丢失或数据被更改。

2. KUKA 机器人的数据还原

KUKA 机器人对于存档之后的数据也可以进行还原，还原时可以选择的菜单项如图 3-143 所示。

1）在 KUKA 机器人中，通常情况下只允许载入具有相应软件版本的文档，如果载入其他文档，则可能出现如下后果：

① 故障信息。故障信息的出现大部分为以下两种情况：一种是已存档文件版本与系统中的文件版本不同，另一种是应用程序包的版本与已安装的版本不一致。

② 机器人控制器无法运行。

③ 人员受伤或产生财产损失。

2）数据还原的操作步骤如下：

① 选择主菜单中的【文件】→【还原】，然后选择所需的存档文件。

② 点击【是】确认安全询问，则已存档的文件会在机器人控制系统中重新恢复。恢复过程结束后，屏幕上会出现相关的消息。

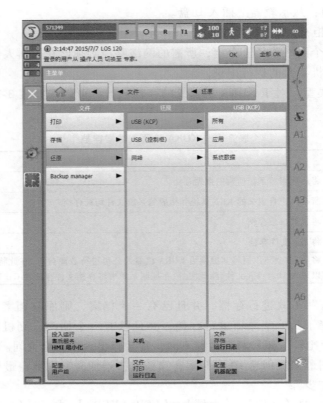

图 3-143　数据还原

③ 如果已完成从 U 盘还原，则可以拔出 U 盘。注意：只有当 U 盘上的 LED 灯熄灭之后，方可拔出 U 盘，否则会导致 U 盘受损。

④ 重新启动机器人控制系统，这里需要进行一次冷启动。

3）冷启动步骤如下：

在专家模式下，单击菜单图标，依次选择关机、冷启动，如图 3-144 所示。

二、机器人程序的备份和加载

1. 机器人程序的备份

1）选中程序文件，如图 3-145 所示。

2）点击【备份】按钮进行备份，并给程序重新命名。

3）点击【打开】按钮，打开备份之后的程序文件，进入程序编辑器进行编辑。

2. 机器人程序的加载

KUKA 机器人除了可以使用自身编辑的程序之外，还可以直接通过 USB 导入由离线编程方式生成的程序代码并运行，具体的操作步骤如下：

1）在离线编程软件中生成程序代码并保存至 U 盘，如图 3-146 所示。

2）将 U 盘插入 KUKA 机器人中。

3）在专家界面下，找到 U 盘中的程序代码文件，如图 3-147 所示。

4）选中 .src 程序文件，并以【选定】方式打开，进入程序并运行，如图 3-148 所示。

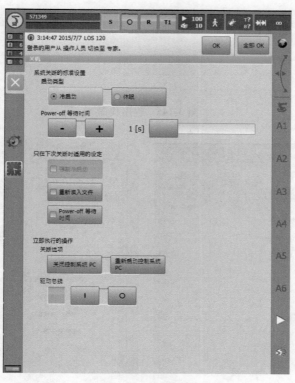

图 3-144　冷启动

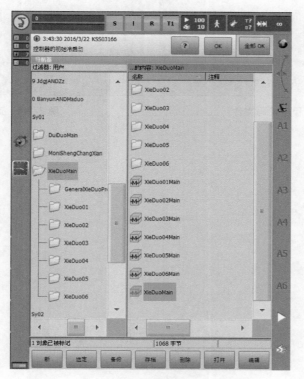

图 3-145　程序备份

名称	修改日期	类型	大小
maduohebanyun.DAT	2016/3/22 10:43	DatFile	9 KB
maduohebanyun.src	2016/3/22 10:43	SrcFile	3 KB

图 3-146　程序代码

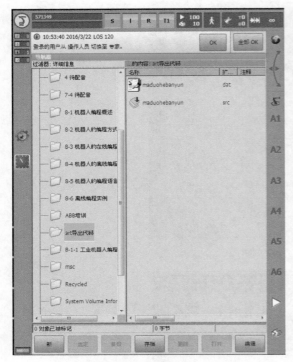

图 3-147　程序代码文件

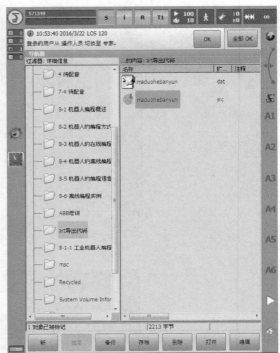

图 3-148　运行程序

学习情境4 工业机器人弧焊系统应用与系统集成

【思维导图】

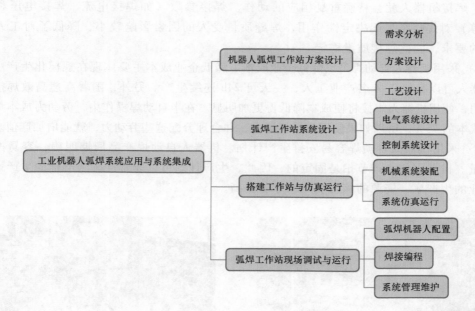

4.1 机器人弧焊工作站方案设计

需求分析
（焊接）

4.1.1 需求分析

一、项目背景

据不完全统计，全世界在役的工业机器人中有将近一半用于各种形式的焊接加工。焊接机器人应用主要有两种方式，即点焊和电弧焊。有的焊接机器人是为某种焊接方式专门设计的，而大多数的焊接机器人是由通用的工业机器人装上焊接设备构成的。焊接对准确率、精细度要求较高，且属于繁重的体力劳动。焊接机器人的诞生能够使人工得到很大程度的解放，进一步推动了工业机器人技术的发展和成熟。越来越多的企业采用焊接机器人来代替人工进行焊接等工作，对焊接机器人的需求也越来越大。

某机械设备加工企业主要从事焊接件加工、结构件加工、不锈钢加工及焊接平台加工等业务，主要对接船舶制造、钢结构等重型装备制造企业。由于公司对接的业务量越来越多，生产无法满足需求，公司决定建设二期工厂。但是最近几年劳动成本上升，尤其高级焊接工的工资更是水涨船高，对于劳动密集型企业来说，规模扩大随之而来的是人员规模的相应扩大。因此，如何最大幅度减少成本增加值成为公司考虑的关键问题。

公司焊接车间管理团队对如何扩充规模制订了三种方案，分别是手工焊（图4-1）、半自动焊（图4-2）和机器人自动焊（图4-3）。团队人员从工作效率、质量及成本等方面对这三种方案进行了综合分析，分析结果如下：

1）采用机器人自动焊可以提高生产率。焊接机器人响应时间短、动作迅速，焊接速度为 60~120cm/min，这个速度远远高于手工焊（40~60cm/min），可以提高企业的生产率。

2）采用机器人自动焊可以提高产品质量。在焊接过程中，只要给出焊接参数和运动轨迹，焊接机器人就会精确重复相应的动作。焊接参数（如焊接电流、焊接电压和焊接速度等）对焊接结果起决定性作用，焊缝质量受人的因素影响较小，降低了对工人操作技术的要求，因此焊接质量稳定。

3）采用机器人自动焊可以降低企业成本。降低企业成本主要体现在规模化生产中，一台机器人可以替代 2~4 名产业工人，一天可 24h 连续生产。另外，随着高速高效焊接技术的应用，使用机器人焊接将使成本降低得更加明显。在半自动焊操作中，劳动力成本最高可达总成本的 75%，所以如果使用焊接机器人，并合理分配这些劳动力，就能增加产值。

4）采用机器人自动焊容易安排生产计划。机器人自动焊产品周期明确，容易控制产品产量。机器人的生产节拍是固定的，因此，生产计划可以非常准确。准确的生产计划可使企业的生产率、资源的综合利用率显著提高。

图 4-1　手工焊

图 4-2　半自动焊

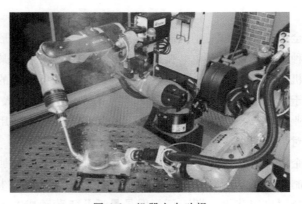

图 4-3　机器人自动焊

由此，公司决定采用工业机器人自动焊的方案，并开始寻求工业机器人焊接系统集成的解决方案。

二、焊接工件规格与焊接要求

1. 焊接工件规格

公司外购的碳钢板为标准规格，尺寸为 200mm×80mm×8mm，现需要一种规格为 200mm×162mm×8mm 的钢板，则需要将两块标准板进行对焊。焊接工件 1 为待焊接碳钢板，如图 4-4 所示。

焊接工件 1 待焊接状态的尺寸规格为 200mm×162mm×8mm，处理焊缝坡口为 V 形，形状为倒梯形，最长底边为 12mm，坡口根部间隙为 2mm，如图 4-5 所示。

图 4-4 焊接工件 1

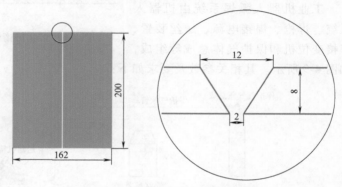

图 4-5 焊接工件 1 的规格及坡口

公司外购碳钢圆管有两种标准规格：圆管 1 的外直径为 60mm，壁厚为 5mm，高度为 50mm；圆管 2 的外直径为 60mm，壁厚为 5mm，高度为 150mm。现需要一种高度为 200mm、其他尺寸不变的圆管，则需要将两种标准圆管进行焊接。焊接工件 2 为碳钢圆管，如图 4-6 所示。

焊接工件 2 待焊状态的尺寸规格为外直径为 60mm，壁厚为 5mm，总高度为 200mm，上部分高度为 45mm，下部分高度为 145mm，焊缝坡口最大宽度为 10mm，坡口角为 90°，如图 4-7 所示。

图 4-6 焊接工件 2

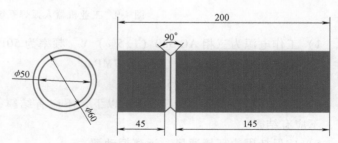

图 4-7 焊接工件 2 的尺寸规格

2. 焊接要求

焊接采用连续等速送进可熔化的焊丝与被焊工件之间的电弧作为热源来熔化焊丝和母材金属，形成熔池和焊缝的焊接方法。

为了得到良好的焊缝，可利用外加气体作为电弧介质，保护熔滴、熔池金属及焊接区高温金属免受周围空气的有害作用。焊接时，可采用惰性气体与氧化性气体（活性气体），如 $Ar + CO_2$、$Ar+O_2$ 及 $Ar+CO_2+O_2$ 等混合气作为保护气体，或者采用 CO_2 气体保护焊的焊接方式，如图4-8所示。

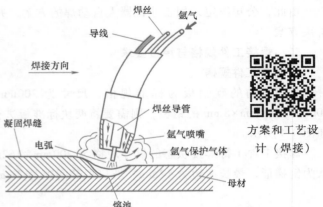

方案和工艺设计（焊接）

图4-8 熔化极惰性气体保护电弧焊

4.1.2 方案设计

一、工作站组成及参数

工业机器人弧焊系统由机器人系统、焊枪、焊接电源、送丝装置、焊接变位机和保护气体总成等组成，如图4-9所示。其相关参数及要求如下：

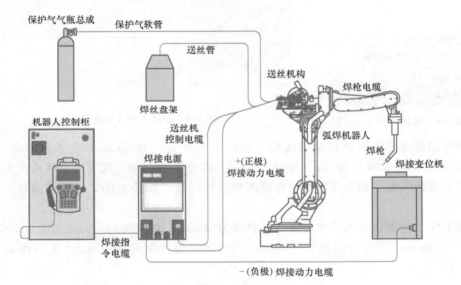

图4-9 工业机器人弧焊系统

1）工作电源为三相 AC 380（1±5%）V，频率为50Hz，最大电流为50A。

2）额定功率为20kW，气压为0.7MPa。

3）允许环境温度为 0~45℃。

4）允许环境湿度通常为75%RH以下，不应有结露；短期（一个月内）为95%RH以下，不应有结露。

5）应保持周边环境通风，远离振动源。

6）外形规格尺寸为 3770mm（L）×3040mm（W）×1920mm（H），安装布局如图4-10所示。

二、焊接机器人

本工作站采用的是 KUKA KR5-R1400 型号的机器人，如图4-11所示。它是 KUKA 机器人家族中最小的机器人，被誉为经济型薄板焊接专家，体积小巧、速度快、精度高、动态性

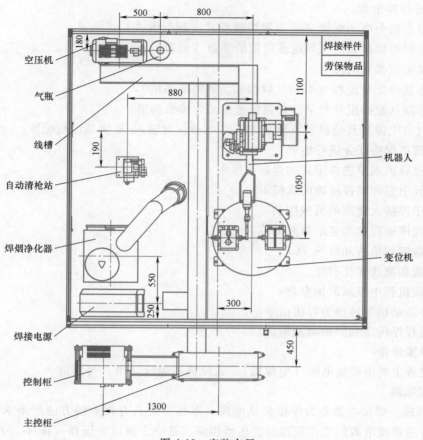

图 4-10　安装布局

能极佳，能轻松胜任各种要求严苛的工作。将该机器人与专业焊接设备组成机器人弧焊系统，如图 4-12 所示。

图 4-11　焊接机器人

图 4-12　焊接工作站三维图

机器人需要安装专用的焊接软件，才能实现焊接作业。应用程序包 ArcTech Basic 是专为气体保护焊和在工业领域中的应用而设计的。

ArcTech Basic 具有下列功能：

1）配置焊接电源。

① 可以为每个电源配置多达 4 种焊接模式（运行方式）。

② 为每种焊接模式定义与电源通信的参数（通道）。

③ 定义电源参数的支点。

④ 将参数分配给流程（引燃、焊接和填满终端弧坑）。

⑤ 根据默认数据组针对某些焊接任务定义焊接数据组。

⑥ 针对与电源和其他设备（例如 PLC）的通信对输入/输出端进行配置。

2）对简单焊接任务进行编程。

3）通过联机表单选择定义的焊接数据组。

4）配置引燃和焊接故障的故障策略。

5）用于焊接大缝隙的机械摆动。

6）在程序运行期间显示参数的值。

7）在碰撞后检查和校正 TCP。

8）在线和离线优化程序。

9）在联机行中显示附加参数。

10）将运动指令转换为焊接指令。

11）将程序传送到其他运动系统。

三、焊接设备

焊接设备主要由焊接电源（电焊机）、送丝机和焊枪（钳）等组成。

1. 焊接电源

（1）原理　焊接电源是为焊接提供电流、电压，并具有该焊接方法所要求的输出特性的设备。普通焊接电源的工作原理和变压器相似，是一个降压变压器（图 4-13），在次级线圈的两端是焊件和焊条，引燃电弧，在电弧的高温中产生热源将焊件的缝隙和焊条熔接。

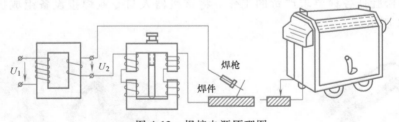

图 4-13　焊接电源原理图

（2）主要参数　本工作站选用松下（Panasonic）YD-350GR 型焊接电源，如图 4-14 所示。其参数见表 4-1。

表 4-1　焊接电源参数表

项目	单位	内容
控制方式		数字 IGBT 控制
额定输入电源		三相 AC 380 V
输入电源频率	Hz	50
额定输入容量	kVA/kW	17.6/13.5

（续）

项目	单位	内容
输出特性		CV（恒压特性）
额定输出电流	A	DC 350
额定输出电压	V	31.5
额定负载持续率	%	60
额定输出空载电压	V	DC 80
输出电流范围	A	DC 40~430
输出电压范围	V	16~35.5
焊接方法		分别/一元化
外壳防护等级		IP23S
绝缘等级		主变 155 ℃
电磁兼容分类		A 类
冷却方式		强制风冷
适用焊丝类型		药芯/实芯
焊丝规格	mm	实芯 0.8/1.0/1.2/1.4/1.6
		药芯碳钢 1.2/1.4/1.6
焊丝材料		碳钢/碳钢药芯
存储器		100 通道可调用焊接规范存储
时序		焊接/焊接—收弧/初期—焊接—收弧/点焊
保护气体		CO_2 焊，CO_2：100%
		MAG 焊，Ar：80%；CO_2：20%
		MIG 焊，Ar：98%；O_2：2%
气体检查时间	s	60（最长气体检查时间）
提前送气时间	s	0~5.0
滞后停气时间	s	0~5.0
点焊时间	s	0.3~10.0
外形尺寸	mm	692×380×612（长×宽×高）
质量	kg	68

图 4-14 松下 YD-350GR 型焊接电源

（3）接口介绍　焊接电源前面板如图4-15所示。

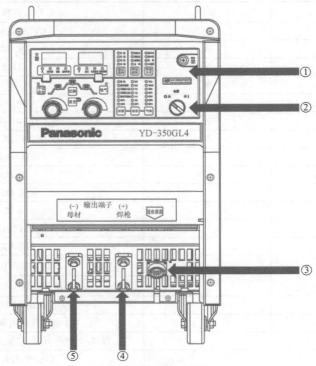

图 4-15　焊接电源前面板

① 操作面板：调节焊接参数，显示焊接状态。

② 电源开关：焊接设备电源接通与断开。

③ 控制电缆插座（16 芯）：与送丝机 16 芯电缆连接，控制送丝机。

④ 焊枪电缆连接用端子（＋）：连接送丝装置上的焊枪侧，为焊接输出电源正极。

⑤ 母材连接电缆连接用端子（－）：连接到焊接母材上，为焊接输出电源负极。

焊接电源后面板如图4-16所示。

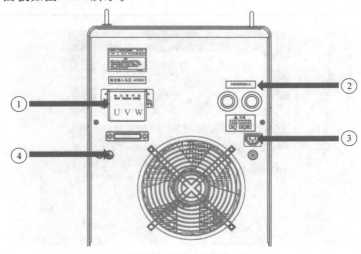

图 4-16　焊接电源后面板

① 三相 380V 交流电接口。

② 外部控制信号线接口。

③ 保护气体调节器专用配电插座。

④ 地线接口。

2. 送丝机

（1）MIG/MAG 送丝机介绍　送丝是焊接过程中非常重要的一个操作环节，手工氩弧焊的送丝方法多采用焊工手指捻动焊丝来完成送丝过程，焊工操作送丝时非常不方便。因此，手工送丝准确性差、一致性差、送丝不稳定，从而导致了焊接生产率低下，焊接成形一致性差。

MIG/MAG 送丝机（图 4-17），自重轻，可以很容易地装配到机器人系统中。送丝装置由电动机与送丝轮等主要部分组成，可通过控制电动机来调整送丝轮转速，进而调整送出焊丝的速度。焊接过程中，通过中央数据总线系统来控制、调节和监控所有的数据，调控送丝速度，确保了焊接的稳定性。

（2）MIG/MAG 送丝机参数　本工作站选用与焊接电源专门适配的 YW-35DG 型送丝机，其参数见表 4-2。

图 4-17　MIG/MAG 送丝机

表 4-2　YW-35DG 型送丝机参数表

项目	参数
产品序列号	YW-35DG1HAE
执行标准	GB/T 15579.5—2005
额定焊接电流	350A
适用丝径	$\phi0.8mm \sim \phi1.2mm$
焊丝类型	碳钢实芯和药芯焊丝，不锈钢实芯和药芯焊丝
额定送丝速度范围	$10 \sim 166r/min$
负载持续率	60%
保护气体类型	MAG：80% Ar + 20% CO_2；MIG：98% Ar+2% O_2
适用焊丝盘轴	轴径：$\phi50mm$
	最大外径：$\phi300mm$
	最大宽：105mm
电缆长度	1.8m（气管 4.8m）
质量	12 kg
适用焊接电源	YD-350GR

3. 焊枪

焊枪是指焊接过程中执行焊接操作的部分，它使用灵活、方便快捷、工艺简单。工业机器人焊枪带有与机器人匹配的连接法兰，如图 4-18 所示。

图 4-18　机器人焊枪

焊接电源的高电流、高电压产生的热量聚集在焊枪终端，熔化焊丝，熔化的焊丝渗透到需要焊接的部位，冷却后，被焊接的物体牢固地连接成一体。焊枪直接连接至送丝机，设备冷却方式为空冷，适用的焊丝直径为 0.8~1.2mm，枪颈角度一般为 30°。焊枪结构如图 4-19 所示。

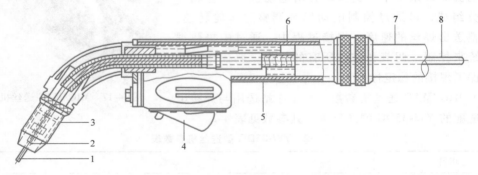

图 4-19　焊枪结构

1—焊丝　2—导电嘴　3—喷嘴　4—焊枪开关　5—焊枪手把　6—气体导管　7—复式电缆　8—焊丝导管

注意：机器人焊枪没有手动开关，由焊接电源控制。

4. 保护气体气瓶

气瓶容量为 40L，属于钢制品，用来储存焊接过程中所需要的 CO_2 气体。如图 4-20 所示，气瓶配有 CO_2 气体调节器，由焊接电源提供 AC 36V 电源，可将高压气瓶中的高压气体调节成工作时的低压气体，在使用过程中可保持稳定的压力与设定的流量。气瓶应稳固直立，切不可水平放置。气体调节器的流量计应与地面垂直，否则指示流量的浮动球不能正确工作，所示流量也不可能准确。

a)　　　　　　　　b)

图 4-20　带气体调节器的 CO_2 气瓶

5. 焊接设备的连接（图 4-21）

1）输入电缆：接 380V 三相交流电。

2）加热器电缆：为加热器提供电源，加热 CO_2 气体。刚气化的 CO_2 温度过低，不适合焊接。

3）输出电缆：输出用于焊接的电压正极，通过送丝机连接至焊枪。

4）母材电缆：形成焊接回路，并接地保证安全。

5）送丝控制电缆：控制送丝机的起停与送丝速度。

四、变位机

为了便于机器人完成多工件、多角度的焊接任务，需要借助变位机（图 4-22）改变工件的姿态。还可通过变位机拖动待焊工件，使其焊缝到达理想位置，以便进行施焊作业。所以，在焊接中变位机起到了相当重要的作用。

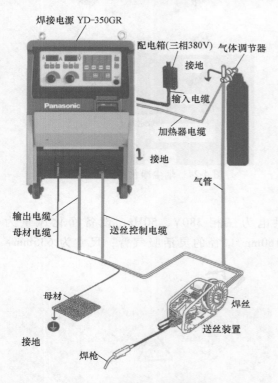

图 4-21　焊接设备连接图

图 4-22　变位机实物图

变位机主要由整体固定底座、回转主轴箱、水平回转盘、交流伺服电动机及 RV 精密减速机、导电机构、防护罩、电气控制系统等构成。

设备自带隔离变压器，通过控制柜输入单相 200（1±10%）V、50Hz 电源。设备负载为 200kg，回转半径为 400mm，最大回转速度为 70°/s，重复定位精度为±0.1mm，采用国外知名品牌伺服电动机配合 RV 高精密减速机。回转盘表面有安装孔，可用来固定工装夹具。

本工作站变位机由工作站电气控制柜直接控制，不与机器人进行耦合运动，即变位机的运动不会引起机器人的运动。

五、烟尘净化器

1. 烟尘净化器的结构及工作原理

烟尘净化器是一种针对工业废气烟雾、烟尘而设计的高效空气净化器，主要由机箱、滤筒、电动机和风叶等组成，如图 4-23 所示。

烟尘净化器的工作原理为：通过电动机带动风叶将内部气体排出，导致低压，造成真空效应，焊接产生的烟尘经吸气臂进入设备后，微粒烟尘被滤筒捕集在外表面，洁净空气经进一步净化后经出风口达标排出，如图 4-24 所示。

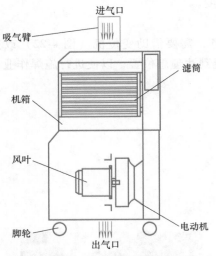

图 4-23　烟尘净化器结构图

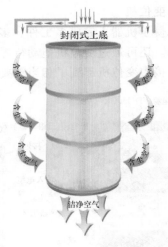

图 4-24　烟尘净化器的工作原理

2. 烟尘净化器参数

本项目采用的烟尘净化器（图 4-25）供电为三相 380V、50Hz；设备净化风量为 1500m³/h，过滤面积 ≥23m²；包含 2m 长、φ160mm 口径的灵活吸气臂；尺寸为 635mm× 610mm×1290mm，质量为 80kg。

3. 烟尘净化器控制按钮（图 4-26）

图 4-25　烟尘净化器实物图

图 4-26　控制按钮

1）指示电源（左 1 红色按钮）：此指示灯亮表示机器处于待机状态，可以正常使用。

2）脉冲按钮（左 2 红色按钮）：仅适用于脉冲自动清灰型设备和全自动脉冲清灰型设备。

3）启动按钮（左 3 绿色按钮）：将除尘设备调整好位置后，按压启动按钮就可以使用。

4）停止按钮（左 4 红色按钮）：当暂时不使用机器时，只需要按压停止按钮，不需要关闭总开关。

六、清枪站

清枪站是为焊接机器人专门配备的一台用于剪丝、清枪和喷油的设备。清枪站主要由清枪装置、剪丝装置、喷油装置及安装支架等构成。由机器人控制该设备的运行，设备也会将相应的反馈信号提供给机器人。图 4-27 所示为自动清枪站实物。

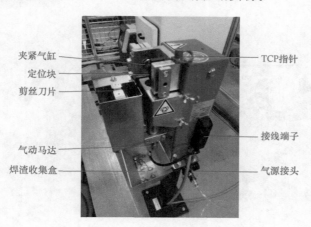

夹紧气缸
定位块
剪丝刀片
气动马达
焊渣收集盒

TCP指针
接线端子
气源接头

图 4-27　自动清枪站实物图

设备中的清枪装置通过旋转铰刀从焊枪枪头及焊枪喷嘴中去除焊渣及杂质；喷油装置在焊枪枪头完成清枪后喷射防飞溅液，减小了焊渣再次粘附的概率；剪丝装置由机器人控制器电气触发，可剪断焊丝，使之保持指定长度，剪丝时的示教位置如图 4-28 所示。设备通过手滑阀经气管与气泵相连，设备清枪时间为 4~5s，清枪示教位置如图 4-29 所示。

图 4-28　剪丝时的示教位置

图 4-29　清枪示教位置

七、气泵

气泵选型为捷豹2530，通过电气控制柜输入电压为单相 AC 220V，用来压缩空气给自动清枪站提供动力。气泵通过快速转接头经气管连接至自动清枪站。其工作原理为通过往复式活塞压缩空气。该气泵的额定功率为 780W，排气压力为 0.7MPa，储气量为 30L。图 4-30 所示为气泵实物图。

八、防护屋

防护屋整体采用铝型材搭建，底部为钢丝围网，上部为钢化玻璃结构，使用膨胀螺栓固定在地面上，其总体尺寸为 3040mm×3160mm×1920mm，如图 4-31 所示。防护屋主要用来隔离焊接过程中的刺激强光和噪声。该防护系统设置一个安全推拉门，安装有安全门锁，可与电气系统形成保护回路，确保设备在工作状态下若有人闯入能够立即停机，以确保人机安全。

图 4-30　气泵

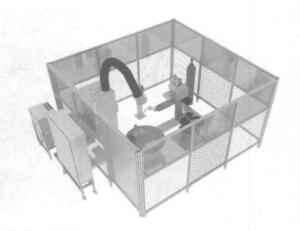

图 4-31　防护屋

防护屋顶部配有三色警报灯，具有声光报警功能，用于指示整个设备的运行状态。黄灯表示在手动模式下和待机运行中；绿灯表示在自动模式下，设备正常运行；红灯表示在异常模式下，一般为出现紧急停机或急停按钮被按下，并伴有蜂鸣报警。

安全门在使用过程中严禁半开状态，应保证安全门闭合稳定。当设备在运行时严禁人员随意闯入，最大限度保证了人员和设备的运行安全。在自动模式下，当安全防护屋打开时，设备进入停机状态，机器人停止工作；当安全门合上时，复位机器人报警信号，起动机器人，设备再次正常运行。

4.1.3　工艺设计

一、焊接流程

焊接的一般流程如下：开始焊接→变位机旋转到焊接位置→对焊接板进行焊接→对焊接管进行焊接→变位机旋转到原点位置→剪丝清枪→结束焊接。应根据焊接流程来设计机器人运动路径，主要路经包括焊接板路径、焊接管路径、剪丝路径和清枪路径。

1. **焊接板路径**

该路径为焊接板之间的焊缝，如图 4-32 所示。

2. **焊接管路径**

该路径为焊接管之间的焊缝，如图 4-33 所示。

3. **剪丝路径**

该路径选择清枪站的剪丝刀的两个刀片之间的位置，如图 4-34 所示。

4. **清枪路径**

该路径选择清枪站的上面靠近清枪点的位置，如图 4-35 所示。

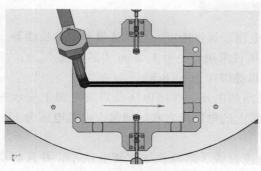

图 4-32　焊接板路径

图 4-33　焊接管路径

图 4-34　剪丝路径

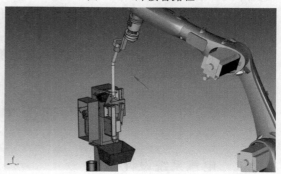

图 4-35　清枪路径

二、焊接工艺

1. 基本原理

二氧化碳气体保护焊是将可熔化的金属焊丝作为电极，并将二氧化碳气体作为保护气体的电弧焊，是焊接黑色金属的重要焊接方法之一。二氧化碳在焊接过程中既能隔绝空气，又能起到冷却作用。二氧化碳气体保护焊的工作原理如图 4-36 所示。

2. 工艺特点

1）二氧化碳气体保护焊穿透能力强，焊接电流密度大，变形小，生产率比焊条电弧焊高 1~3 倍。

2）二氧化碳气体便宜，焊前对工件的清理可以从简，其焊接成本只有焊条电弧焊的 40%~50%。

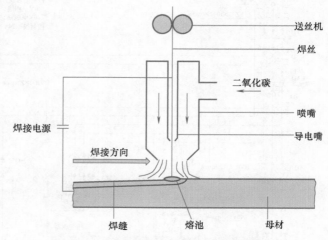

图 4-36　二氧化碳气体保护焊的工作原理

3）焊缝防锈能力强，氢含量低，冷裂纹倾向小。

4）焊接过程中金属飞溅较多，特别是当工艺参数调节不匹配时，尤为严重。

5）不能焊接易氧化的金属材料，抗风能力差，野外作业或露天作业时，需要有防风措施。

6）焊接弧光强，应注意弧光辐射。

3. 焊接参数

焊接参数主要有焊丝直径、焊接电流、电弧电压、焊接速度、气体流量和干伸长度等。

（1）焊丝直径　焊丝直径影响焊缝熔深，本项目采用直径为 1.2mm 实芯焊丝。

（2）焊接电流　焊接电流为 160~350A 时，焊缝熔深为 6~8mm。

（3）电弧电压　电弧电压为导电嘴与焊件之间的电压，焊接电压是焊接电源上显示的电压，是电弧电压与焊接电源和焊件之间连接电缆上的电压降之和。通常，电弧电压为 17~24V，由它决定熔宽。

（4）焊接速度　焊接速度决定焊缝成形。速度过快，熔深和熔宽都会减小，并且容易出现焊接缺陷；速度过慢，可能出现焊接变形。焊接速度通常控制在 80cm/min。

（5）气体流量　二氧化碳气体具有冷却作用，流量大小影响保护效果。通常，气体流量为 15L/min，在有风的环境中作业时，气体流量应在 20L/min 以上。

（6）干伸长度　干伸长度指的是从导电嘴到焊件的距离，一般控制为 8~20mm 或者焊丝直径的 10 倍左右。

4.2　弧焊工作站系统设计

4.2.1　电气系统设计

一、供电方案

主电路电源采用三相五线 380V，其中，L1、L2、L3 为火线，N 为零线，PE 为地线，如图 4-37 所示。

电气系统设计（焊接）

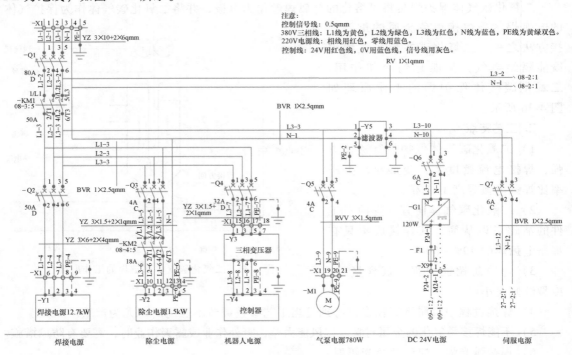

图 4-37　供电方案

1）380V 三相交流电用来给焊接电源、除尘电源和机器人电源供电。

2）220V 单相交流电给气泵电源和伺服电源供电。

3）24V 直流电给 PLC 和触摸屏等低压设备供电。

其中，电源滤波器是由电容、电感和电阻组成的滤波电路。滤波器的作用是可以对电源线中特定频率的频点或该频点以外的频率进行有效滤除，得到一个特定频率的 AC 220V 电源。

二、控制电路方案

1. PLC 的 I0.0 ~ I0.5 的输入信号板

焊接工作站用的是西门子 S7-1200 PLC，I0.0 ~ I0.5 用来定义系统启动、系统停止、系统复位、系统急停、自动/手动按钮和安全门开关，如图 4-38 所示。

2. PLC 的 I0.6 ~ I1.5 的输入信号板

PLC 的 I0.6 ~ I1.5 用来定义伺服电动机报警、伺服电动机到位、伺服电动机准备完成、变位机伺服停止、机器人就绪、机器人报警和机器人运行，如图 4-39 所示。

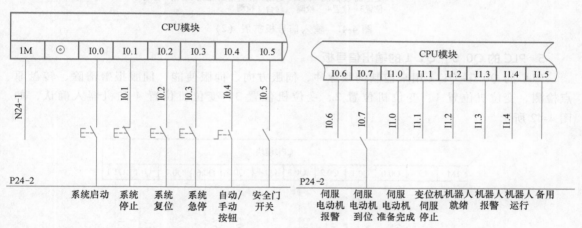

图 4-38　输入信号板（1）　　　　　　　图 4-39　输入信号板（2）

3. PLC 扩展模块的 I8.0 ~ I8.7 的输入信号板

PLC 扩展模块的 I8.0 ~ I8.7 用来定义机器人焊接开始、机器人焊接完成、夹紧气缸打开、铰刀上升、清枪起动、剪丝起动、变位机位置 1 和变位机位置 2，如图 4-40 所示。

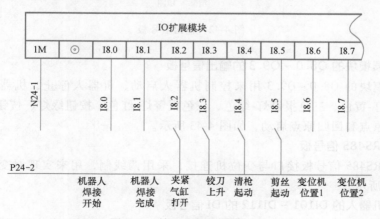

图 4-40　输入信号板扩展（1）

4. PLC 扩展模块的 I9.0 ~ I9.7 的输入信号板

PLC 扩展模块的 I9.0~I9.7 用来定义变位机位置 3、变位机位置 4、干涉检测、起动转台和转盘原点检测，如图 4-41 所示。

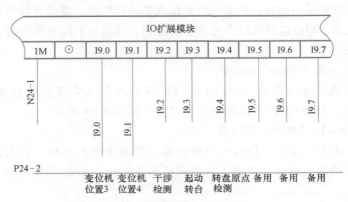

图 4-41　输入信号板扩展 (2)

5. PLC 的 Q0.0 ~ Q1.1 的输出信号板

PLC 的 Q0.0~Q1.1 用来控制伺服脉冲、伺服方向、伺服使能、伺服报警清除、转盘原点检测、变位机位置 1、变位机位置 2、变位机位置 3、变位机位置 4 和机器人确认，如图 4-42 所示。

图 4-42　输出信号板

6. PLC 扩展模块的 Q8.0 ~ Q9.3 的输出信号板

PLC 扩展模块的 Q8.0~Q9.3 用来控制机器人启动、机器人停止、机器人复位、吸尘器、三色报警灯-黄色、三色报警灯-绿色、三色报警灯-红色、按钮绿灯、按钮红灯、解除干涉区域、复归原点和回归原点启动，如图 4-43 所示。

7. PLC 的 RS485 信号板

PLC 通过 RS485 信号板接口与变位机连接，采用两线制，用来实现对变位机的伺服控制，如图 4-44 所示。

8. KUKA 机器人的 DI101 ~ DI112 的 DI 信号板

KUKA 机器人的 DI106 与 PLC 的 Q0.5 相连，用来接收变位机到达位置 1 信号；KUKA

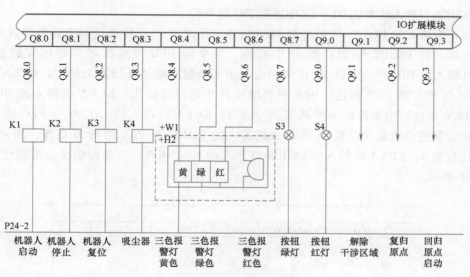

图 4-43 输出信号板扩展

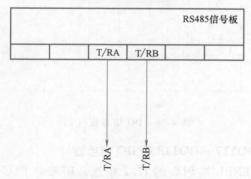

图 4-44 RS485 信号板

机器人的 DI107 与 PLC 的 Q0.6 相连，用来接收变位机到达位置 2 信号；KUKA 机器人的 DI108 与 PLC 的 Q0.7 相连，用来接收变位机到达位置 3 信号；KUKA 机器人的 DI109 与 PLC 的 Q1.0 相连，用来接收变位机到达位置 4 信号，如图 4-45 所示。

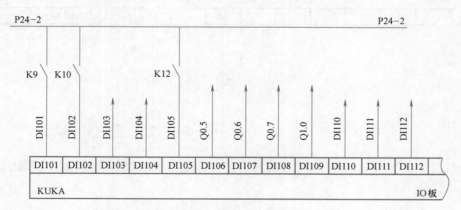

图 4-45 DI 信号板

9. KUKA 机器人的 DO101 ~ DO108 的 DO 信号板

KUKA 机器人的 DO101 与 PLC 的 I8.0 相连，用来向 PLC 传送机器人开始焊接的信号；KUKA 机器人的 DO102 与 PLC 的 I8.1 相连，用来向 PLC 传送机器人焊接完成的信号；KUKA 机器人的 DO103 与 PLC 的 I8.4 相连，用来控制清枪站开始清枪动作；KUKA 机器人的 DO104 与 PLC 的 I8.5 相连，用来控制清枪站开始剪丝动作；KUKA 机器人的 DO105 与 PLC 的 I8.6 相连，用来控制变位机到达位置 1；KUKA 机器人的 DO106 与 PLC 的 I8.7 相连，用来控制变位机到达位置 2；KUKA 机器人的 DO107 与 PLC 的 I9.0 相连，用来控制变位机到达位置 3；KUKA 机器人的 DO108 与 PLC 的 I9.1 相连，用来控制变位机到达位置 4，如图 4-46 所示。

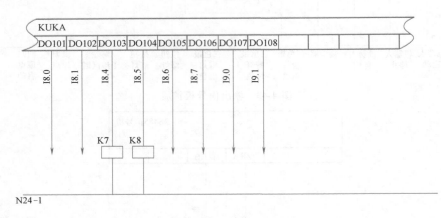

图 4-46　DO 信号板（1）

10. KUKA 机器人的 DO117 ~ DO119 的 DO 信号板

KUKA 机器人的 CMDENBL 与 PLC 的 I1.2 相连，用来向 PLC 传送机器人就绪的信号；KUKA 机器人的 FAULT 与 PLC 的 I1.3 相连，用来向 PLC 传送机器人报警的信号；KUKA 机器人的 BUSY 与 PLC 的 I1.4 相连，用来向 PLC 传送机器人运行的信号，如图 4-47 所示。

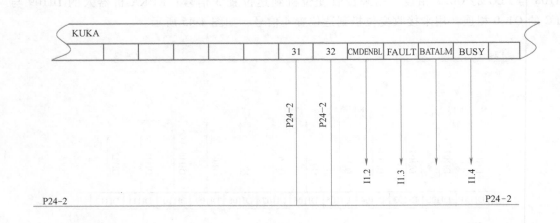

图 4-47　DO 信号板（2）

4.2.2 控制系统设计

一、控制面板

1.控制柜面板

焊接工作站控制柜操作面板上设置有五个实体开关，分别是模式转换开关、启动按钮、停止按钮、复位按钮和急停按钮，还配备有触摸屏，如图 4-48 所示。

控制系统设计（焊接）

启动与停止按钮在自动模式下有效，复位按钮在手动模式下有效，急停按钮在任何模式下均有效。

2.人机界面

在"自动运行"界面中设置有【启动】、【停止】和【复位】按钮，如图 4-49 所示，其作用与实体按钮相同。如果编写了多个焊接程序，可以在人机界面中选择对应的程序进行焊接。

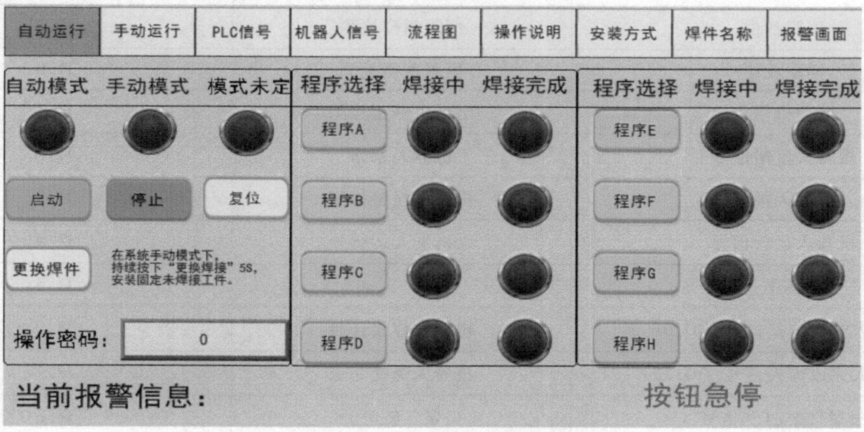

图 4-48　控制柜面板

图 4-49　"自动运行"界面

将系统置于手动模式下，在"手动运行"界面中，可以控制烟尘净化器的开启和停止，进行变位机的手动位置选择，如图 4-50 所示。

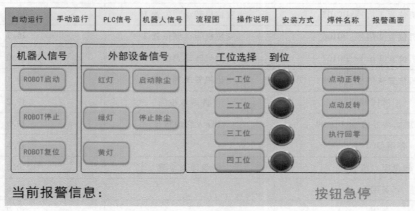

图 4-50　"手动运行"界面

二、I/O 分配表的制作

I/O 分配就是将每一个输入设备对应一个 PLC 的输入点，将每一个输出设备对应一个 PLC 的输出点。为了运用 PLC 编程，I/O 分配后形成一张 I/O 分配表，明确标示出输入/输出设备各自的作用，分别见表 4-3 和表 4-4。

表 4-3　焊接工作站 PLC 分配表（输入）

名称	作用	输入点
启动按钮	系统启动	I0.0
停止按钮	系统停止	I0.1
复位按钮	系统复位	I0.2
急停按钮	系统急停	I0.3
手动按钮	手动模式	I0.4
安全门	安全门检测	I0.5
伺服报警	伺服报警检测	I0.6
伺服到位	伺服到位检测	I0.7
伺服就绪	伺服就绪检测	I1.0
电动机停止	电动机停止检测	I1.1
机器人就绪信号	机器人就绪	I1.2
机器人报警	机器人报警检测	I1.3
机器人运行信号	机器人运行	I1.4
备用		I1.5
机器人开始焊接信号_DO101	机器人焊接开始	I8.0
机器人完成焊接信号_DO102	机器人焊接完成	I8.1
夹紧气缸打开信号	夹紧气缸打开	I8.2
铰刀上升信号	铰刀上升	I8.3
清枪起动信号_DO103	清枪开始	I8.4
剪丝起动信号_DO104	剪丝开始	I8.5
变位机位置1信号_D0105	变位机转动到位置1	I8.6
变位机位置2信号_D0106	变位机转动到位置2	I8.7
变位机位置3信号_D0107	变位机转动到位置3	I9.0
变位机位置4信号_D0108	变位机转动到位置4	I9.1
干涉区域	干涉区域检测	I9.2
机器人启动转台信号_D0109	机器人启动转台	I9.3
备用 DO111		I9.4
转盘原点信号	转盘原点检测	I9.5
备用		I9.6
备用		I9.7

表 4-4   焊接工作站 **PLC** 分配表（输出）

名称	作用	输出点
伺服脉冲	控制伺服脉冲	Q0.0
伺服方向	控制伺服方向	Q0.1
伺服使能	伺服使能通电	Q0.2
清除伺服报警	取消伺服报警	Q0.3
伺服停止	停止伺服电动机	Q0.4
变位机到达位置 1_DI106	变位机到达位置 1	Q0.5
变位机到达位置 2_DI107	变位机到达位置 2	Q0.6
变位机到达位置 3_DI108	变位机到达位置 3	Q0.7
变位机到达位置 4_DI109	变位机到达位置 4	Q1.0
机器人确认信号	机器人确认	Q1.1
机器人启动信号	机器人启动	Q8.0
机器人停止信号	机器人停止	Q8.1
机器人复位信号	机器人复位	Q8.2
除尘器启动信号	除尘器启动	Q8.3
三色灯黄灯	黄灯得电	Q8.4
三色灯绿灯	绿灯得电	Q8.5
三色灯红灯	红灯得电	Q8.6
按钮绿灯	按钮绿灯得电	Q8.7
按钮红灯	按钮红灯得电	Q9.0
解除干涉区域_DI103	解除干涉区域	Q9.1
复归原点信号	原点复归	Q9.2
回归原点启动信号	回归原点	Q9.3
机器人程序 1_DI110	机器人程序 1	Q9.4
机器人程序 2_DI111	机器人程序 2	Q9.5
机器人程序 3_DI112	机器人程序 3	Q9.6
机器人程序 4_DI113	机器人程序 4	Q9.7

三、PLC 程序

1. 变位机控制模块

（1）数据初始化   在初始状态下，将数据 100 和 1000 分别传送给#JOG 数据和#工位数据，如图 4-51 所示。

（2）工位选择

1）如图 4-52 所示，在工位选择程序段下，当#读写轮询等于 1 时，通过 PTP 端口作为 Modbus 主站通信。MB_MASTER 指令允许程序作为 Modbus 主站使用点对点模块（CM）或通信板（CB）上的端口进行通信。可以访问一个或多个 Modbus 从站设备中的数据。

① 将变量#工位数据用于 MB_MASTER 指令中的 DATA_PTR，指向 CPU 的数据块或位存储器地址，从该位置写入数据。

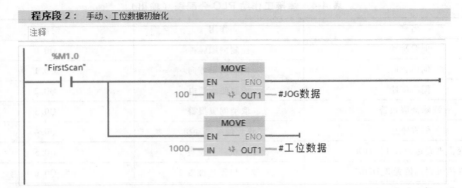

图 4-51　数据初始化

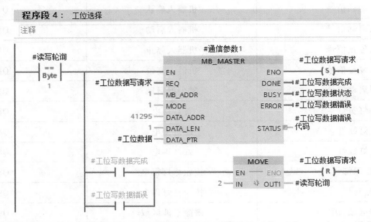

图 4-52　工位选择（1）

② 当 DONE 显示 0 时表示#工位数据写入未完成，显示 1 时表示#工位写数据完成。

③ 当 ERROR 显示 0 时表示#工位数据写入没错误，显示 1 时表示#工位数据有错误。

④ 当#工位写数据完成或#工位写数据错误，会使#读写轮询赋值为 2 并且复位#工位数据写请求。

2）图 4-53 所示为在工位选择程序段下，#工位数据写入完成后的程序段。

① 第一行说明：在伺服就绪的情况下，#程序工位选择 1 触点通电时，将#工位数据赋值为 1；也能在手动模式下，用触摸屏选择工位 1，将#工位数据赋值为 1。

② 第二行说明：在伺服就绪的情况下，#程序工位选择 2 触点通电时，将#工位数据赋值为 2；也能在手动模式下，用触摸屏选择工位 2，将#工位数据赋值为 2。

③ 第三行说明：在伺服就绪的情况下，#程序工位选择 3 触点通电时，将#工位数据赋值为 3；也能在手动模式下，用触摸屏选择工位 3，将#工位数据赋值为 3。

④ 第四行说明：在伺服就绪的情况下，#程序工位选择 4 触点通电时，将#工位数据赋值为 4；也能在手动模式下，用触摸屏选择工位 4，将#工位数据赋值为 4。

⑤ 第五行说明：#停止电动机触点通电时，将#工位数据赋值为 1000；也能按下控制台上的手动/自动停止电动机按钮，将#工位数据赋值为 1000。

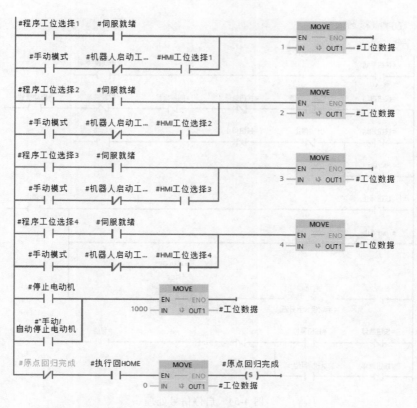

图 4-53　工位选择（2）

⑥ 第六行说明：在原点回归没有完成的情况下，#执行回 HOME 触点通电时，#工位数据赋值为 0，并且置位#原点回归完成。

2. 工作站自动/手动模块

（1）启停信号处理　在自动/手动模块下，将触摸屏上的按钮和控制台上的按钮通过编程逻辑来控制自动/手动模式的转换以及系统的启动、停止和复位，如图 4-54 所示。

① 第一行说明：在自动/手动模块下，用#按钮手动点动控制#手动模式线圈。

② 第二行说明：在#机器人急停信号、#按钮急停信号、#伺服报警信号和#报警输入信号都没有得电的情况下，用#按钮自动点动控制#自动模式线圈。

③ 第三行说明：在#HMI 停止信号和#按钮停止信号都没有得电的情况下，用#按钮启动或#HMI 启动点动控制#启动线圈。

④ 第四行说明：用#按钮停止、#HMI 停止以及#手动模式触点通电时长超过 1s 都可以点动控制#停止线圈。

⑤ 第五行说明：在#按钮急停信号和#自动模式触点都没有得电的情况下，#复位按钮和#HMI 复位按钮都可以点动控制复位线圈。

（2）三色灯处理　在自动/手动模块下，对报警三色灯实现控制的程序如图 4-55 所示。

① 第一行说明：#急停 PLC 信号得电或手动按钮和 HMI 红灯按钮一并按下都可以是红灯亮。

② 第二行说明：在红灯和黄灯都没亮的情况下，绿灯有三种情况可以亮：第一种情况

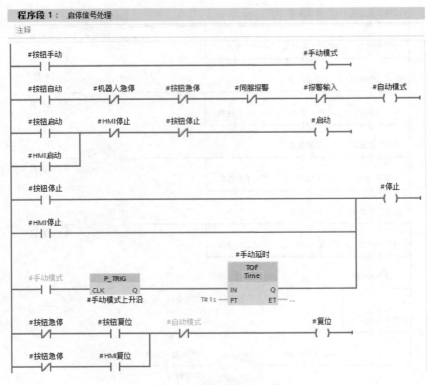

图 4-54　启停信号处理

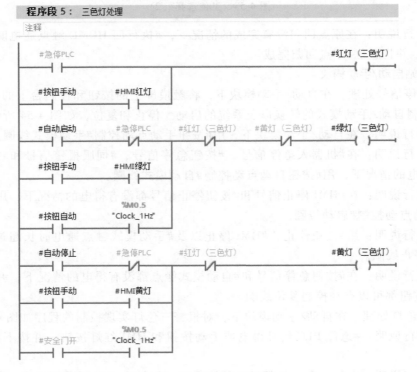

图 4-55　三色灯控制

是#自动启动信号得电并且#急停 PLC 信号没有得电，第二种情况是手动按钮和 HMI 绿灯按钮都按下，第三种情况是自动按钮按下和 M0.5 触点得电。

③ 第三行说明：在红灯没亮的情况下，黄灯有三种情况可以亮：第一种情况是#自动停止信号得电并且#急停 PLC 信号没有得电，第二种情况是手动按钮和 HMI 黄灯按钮都按下，第三种情况是#安全门开信号和 M0.5 触点都得电。

（3）吸尘器启停处理 在自动/手动模块下，对吸尘器实现控制的程序如图 4-56 所示。

① 第一行说明：在#HMI 停止吸尘器信号、#停止信号和#急停 PLC 都没有得电的情况下，按下手动按钮和 HMI 启动吸尘器按钮使吸尘器工作并且实现自锁。

② 第二行说明：在焊接过程中，当#自动启动信号得电时，吸尘器启动并且实现自锁。

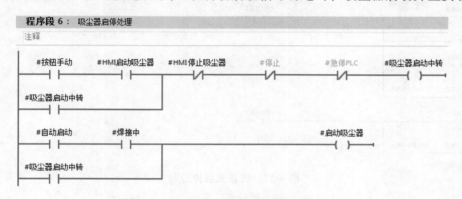

图 4-56 吸尘器启停控制

3. 机器人控制模块

（1）机器人启停处理 在机器人控制模块下，对机器人实现启停控制的程序如图 4-57 所示。

① 第一行说明：在#机器人再启动信号和#机器人运行信号都没有得电的情况下，自动模式下启动机器人需要延时 3s；手动模式下要在触摸屏上启动机器人。

② 第二行说明：在自动模式下确认启动机器人需要延时 0.8s。

③ 第三行说明：停止机器人有四种情况可以操作：第一种情况是#自动停止信号得电并且机器人自动模式执行没有错误，第二种情况是按下操作台上的急停按钮，第三种情况是安全门被打开，第四种情况是手动模式下在触摸屏上按下停止机器人按钮。

④ 第四行说明：按下操作台上的急停复位按钮或是手动模式下在触摸屏上按下复位机器人按钮都可以复位机器人。

（2）机器人程序的选择 在机器人控制模块下，对机器人程序的选择如图 4-58 所示。

① 第一行说明：在触摸屏上选择启动程序 A、C、E、G 或者#延时焊件清除信号得电都可以使#机器人程序 1 线圈有输出。

② 第二行说明：在触摸屏上选择启动程序 B、C、F、G 可以使#机器人程序 2 线圈有输出。

③ 第三行说明：在触摸屏上选择启动程序 D、E、F、G 可以使#机器人程序 3 线圈有输出。

④ 第四行说明：在触摸屏上选择启动程序 H 或者#延时焊件清除信号得电都可以使#机器人程序 4 线圈有输出。

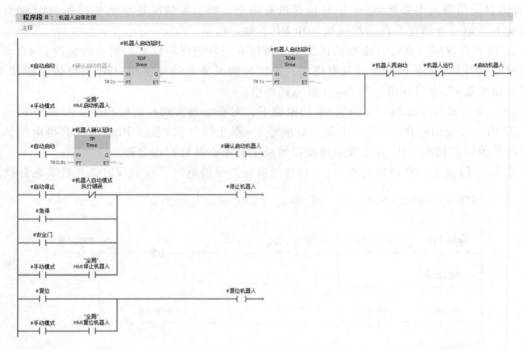

图 4-57　机器人启停控制

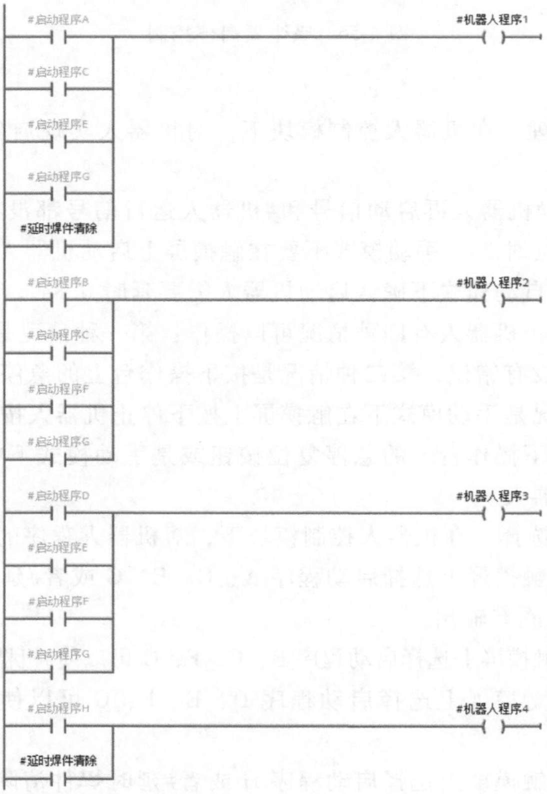

图 4-58　机器人程序选择

4.3 搭建工作站与仿真运行

机械系统装
配（焊接）

4.3.1 机械系统装配

1）搭建工作站模型，需要在三维建模软件 SolidWorks 或者其他建模软件中设计好工作站模型。因为本工作站设备基本都是市购件，所以不需要太多的机械设计工作，按照设备尺寸进行建模即可。三维模型如图 4-59 所示。

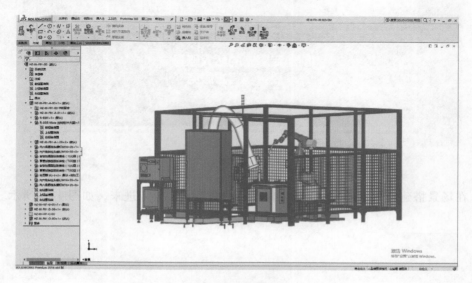

图 4-59　三维模型

2）将模型分模块另存为 STEP 格式，如图 4-60 所示。

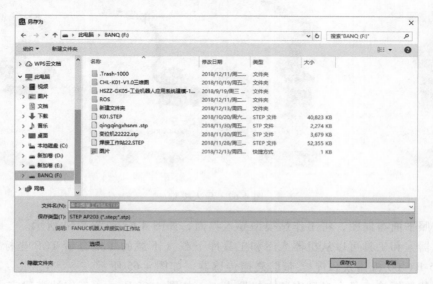

图 4-60　另存为 STEP 格式

3）打开仿真软件，单击【新建】，如图4-61所示。

图4-61　新建

4）在场景搭建中单击【输入】，将保存后的模型文件导入进来，如图4-62所示。

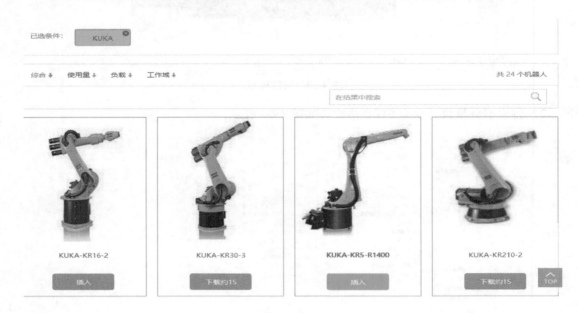

图4-62　导入模型

5）按照平面布局图，将工作站模型导入界面，如图4-63和图4-64所示。

6）机器人和工具可以从机器人库和工具库下载（下载的焊枪自带TCP坐标系），选择KUKA-KR5-R1400机器人和焊枪-带防碰撞传感器，如图4-65所示。

7）下载的焊枪工具会自动安装在机器人上，如图4-66所示，工作站搭建完成。

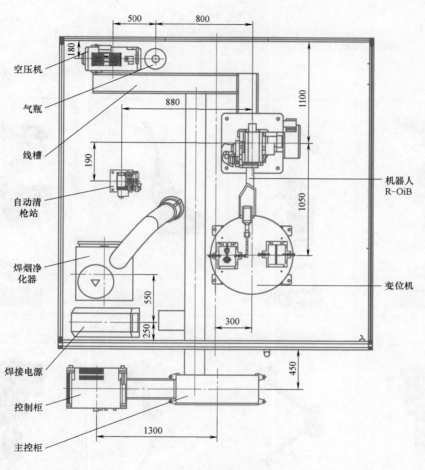

图 4-63 安装布局

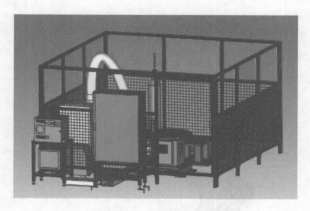

图 4-64 导入模型完成

已选条件：　　KUKA ⊗

综合⬇　　使用量⬇　　负载⬇　　工作域⬇　　　　　　　　　　　　　　共 24 个机器人

在结果中搜索　　　🔍

KUKA-KR16-2

插入

KUKA-KR30-3

下载约1S

KUKA-KR5-R1400

插入

KUKA-KR210-2

下载约1S

TOP

ATI径向浮动打磨头

下载约1S

吸盘

插入

焊枪-带防碰撞传感器

插入

打磨工具（水龙头）

下载约1S

图 4-65　选择机器人和工具

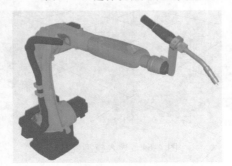

图 4-66　工作站搭建完成

4.3.2 系统仿真运行

系统仿真运动（焊接）

一、状态机动作设置

1. 在软件中自定义状态机

在仿真工作站中，变位机的运动是靠状态机来完成的。

（1）模型预处理 对于导入的变位机模型，其零部件层次关系不一，定义机构前需要对这些零部件进行预处理，使之符合定义所要求的层次结构。将变位机定义为BASE 和 J1 轴组成的排列，如图 4-67 所示。

（2）定义机构 选择相应状态机上需要动作的关节，然后定义运动方式（旋转）→运动范围（最小值和最大值）→运动方向（旋转轴）→添加状态（焊接管位置和焊接板位置）。

图 4-68 中右侧圆盘部分是运动的关节 J1，圆盘中心轴即为关节 J1 的旋转轴。

图 4-67 模型预处理结果

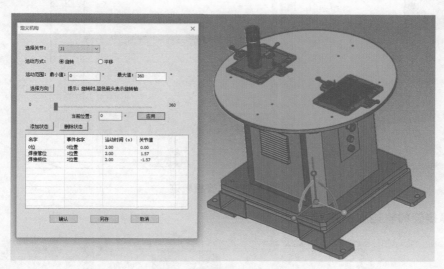

图 4-68 定义状态机

2. 焊接轨迹的生成

轨迹决定了机器人的运动路径和状态，生成轨迹之后，为了达到更好的效果，可能还需要对其进行编辑。

（1）位置 【生成轨迹】工具位于"机器人编程"选项卡的"基础编程"工具栏中，如图 4-69 所示。

图 4-69 【生成轨迹】工具的位置

（2）说明 生成轨迹的实现可以利用软件支持的七种轨迹生成方式，如图 4-70 所示。

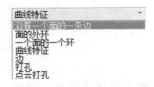

图 4-70　七种轨迹生成方式

（3）选取　按照需要焊接的路径的位置和方向来选择相应的生成轨迹方法和轨迹位置。

1）焊接板的轨迹如图 4-71 所示。

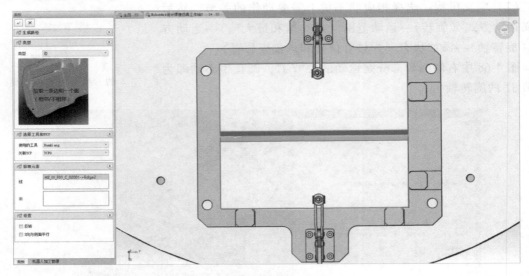

图 4-71　焊接板轨迹

2）焊接管的轨迹如图 4-72 所示。

图 4-72　焊接管轨迹

二、仿真步骤

焊接仿真操作步骤见表 4-5。

表 4-5 焊接仿真操作步骤

序号	操作步骤	图片说明
1	设置机器人的 HOME 点	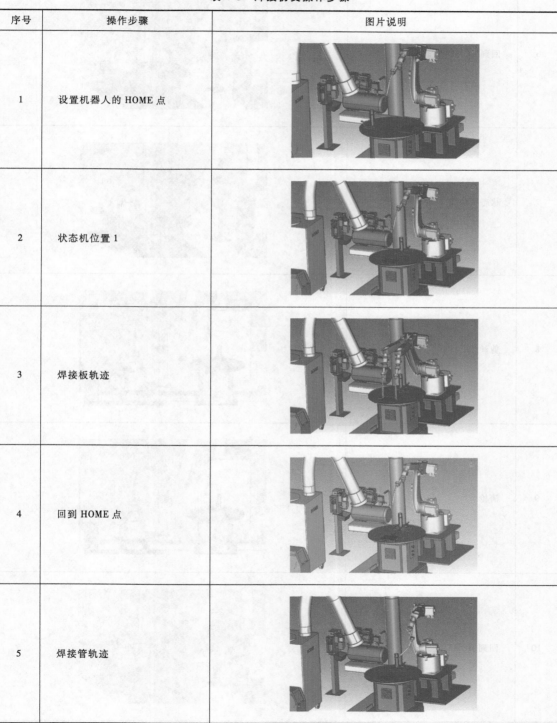
2	状态机位置 1	
3	焊接板轨迹	
4	回到 HOME 点	
5	焊接管轨迹	

（续）

序号	操作步骤	图片说明
6	回到 HOME 点	
7	状态机位置 2	
8	剪丝	
9	清枪	
10	回到 HOME 点	

4.4 弧焊工作站现场调试与运行

工艺分析（焊接）

4.4.1 弧焊机器人配置

一、在机器人中安装 ArcTech Basic 焊接软件

机器人需要安装专用的焊接软件，才能实现焊接作业。应用程序包 ArcTech Basic 是专为气体保护焊和在工业领域中的应用而设计的。

1. 机器人模式

机器人必须处于以下模式：

1）专家用户组。

2）运行方式为 T1 或 T2。

3）没有选定任何程序。

2. 操作步骤

1）将安装软件的 U 盘插在机器人控制柜或示教器 SmartPAD 上。

2）在主菜单中选择【投入运行】→【辅助软件】。

3）按下【新软件】，在名称列中必须显示选项 ArcTech Basic，而在路径列中必须显示驱动器 E:\或 K:\，否则按下【刷新】。

4）如果此时显示上述选项，则继续进行步骤 5），否则必须先配置待安装程序的驱动器。

① 点击按钮【配置】。

② 在【选项的安装路径】区域内选中一行。

> 提示：如果该行已经包含一个路径，则该路径将被覆盖。

③ 按下【路径选择】，即显示现有的驱动器。

④ 如果 U 盘插接到机器人控制柜上，则为 E:\；如果 U 盘插接到 SmartPAD 上，则为 K:\。

⑤ 按下【保存】，将重新显示【选项的安装路径】区域，此时含有新的路径。

⑥ 标记含有新路径的行，并再次按下【保存】。

5）选中选项 ArcTechBasic，然后点击【安装】，点击【是】确认安全询问。

6）拔出 U 盘，重启机器人控制系统。

二、在 WorkVisual 中配置倍福模块

机器人与外部焊机之间进行 I/O 通信需要配置倍福模块，操作步骤见表 4-6。

三、在 WorkVisual 中安装 ArcTech Basic

首次启用应用程序 ArcTech Basic 和配置焊接电源需要使用 WorkVisual 3.1 或更高版本。机器人焊接软件需要在 PC 端进行配置，所以需要安装 ArcTech Basic 软件。安装步骤见表 4-7。

四、WorkVisual 读取机器人控制器

WorkVisual 读取机器人控制器的方式见表 4-8。

表 4-6　配置倍福模块

操作步骤	图示
1）选择菜单【文件】→【Import/Export】	
2）选择【导入设备说明文件】，并且单击【继续】	
3）单击【查找...】并导航到存放文件的目录，单击【继续】	
4）弹出文件管理器窗口，在文件类型中选择【EtherCAT ESI（＊.xml）】，将图中选中的文件进行导入（一次只能导入一个）	

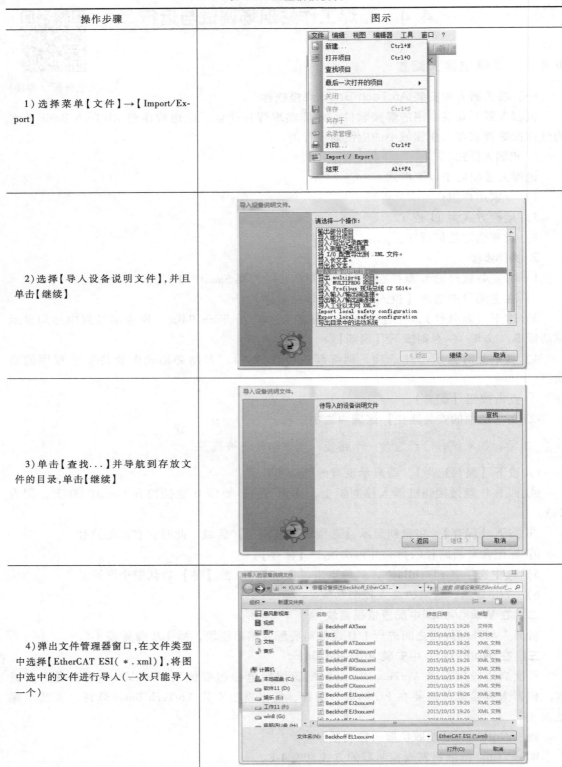

（续）

操作步骤	图示
5）单击【继续】→【完成】	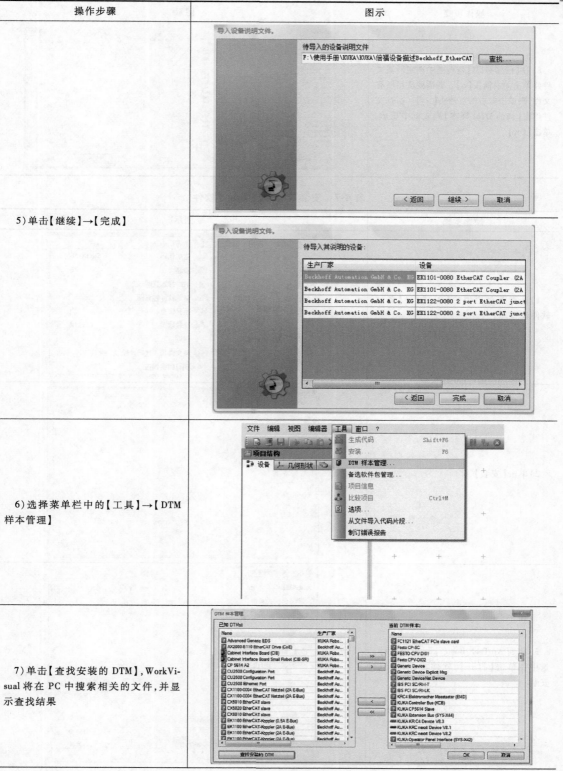
6）选择菜单栏中的【工具】→【DTM 样本管理】	
7）单击【查找安装的 DTM】，WorkVisual 将在 PC 中搜索相关的文件，并显示查找结果	

（续）

操作步骤	图示
8）在【已知 DTM】列表框中选定所需文件并单击向右箭头【>】。若需要应用所有文件，则单击向右的双箭头【>>】。所选文件将在【当前 DTM 样本】列表框中显示，单击【OK】	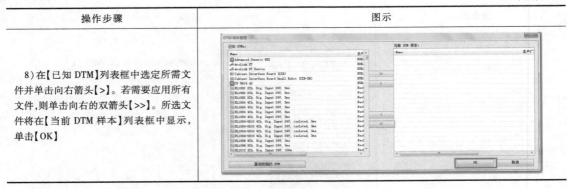

表 4-7　安装 ArcTech Basic 软件

操作步骤	图示
1）选择菜单栏中的【工具】→【备选软件包管理】	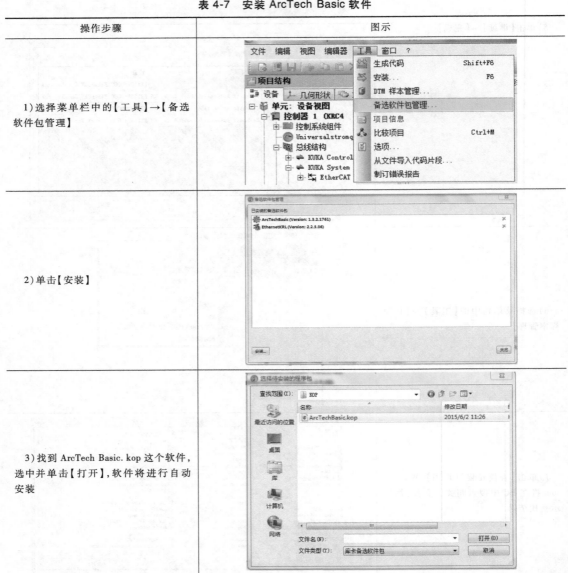
2）单击【安装】	
3）找到 ArcTech Basic.kop 这个软件，选中并单击【打开】，软件将进行自动安装	

（续）

操作步骤	图示
4）安装完成后，单击【重新启动】，软件自动关闭后又重新启动	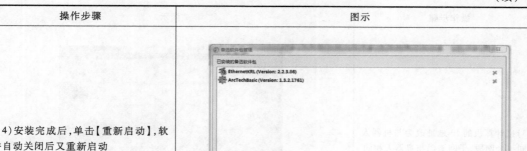

表 4-8 WorkVisual 读取机器人控制器

操作步骤	图示
1）用网线将机器人和计算机连起来，网线插在机器人控制柜里的 KLI 网口	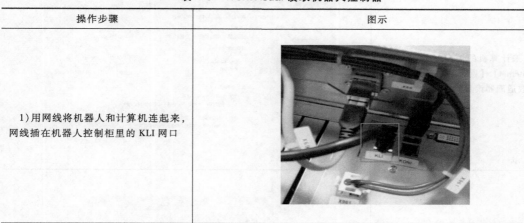
2）切换到专家模式，在示教器上单击【投入运行】→【网络配置】，查看机器人的 IP	

（续）

操作步骤	图示
3）把计算机的 IP 地址改为与机器人在同一个网段,子网掩码与机器人相同	
4）打来计算机的【控制面板】→【网络和 Internet】>【网络和共享中心】,单击【更改适配器设置】	
5）选择有线网络,单击右键,在弹出的快捷菜单中选择【属性】,双击【Internet 协议版本 4(TCP/IPv4)】	

（续）

操作步骤	图示
6）将 IP 地址和子网掩码改为图示数据，IP 地址最后一位可以是 2~255 中的任意值，但不能与机器人的相同	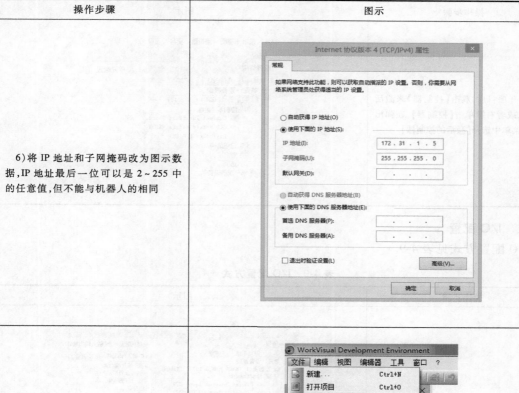
7）在 WorkVisual 软件中，选择菜单栏中的【文件】→【查找项目】	
8）单击【更新】，将在【可用的单元】列表框中显示连接外部控制器的项目，选择项目并打开 注意：如果没有查找到，应检查 IP 地址的设置	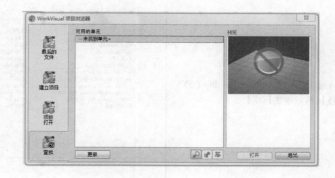

（续）

操作步骤	图示
9）打开项目后，双击【控制器】来激活控制器，或者右键单击【控制器】，在弹出的快捷菜单中选择【激活的控制器】	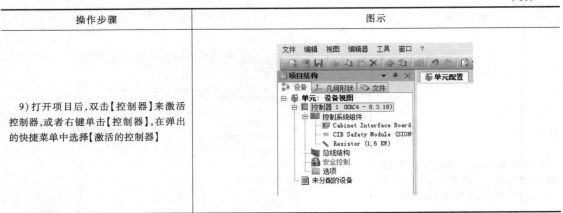

五、I/O 配置

I/O 配置方式见表 4-9。

表 4-9 I/O 配置方式

操作步骤	图示
1）选择【项目结构】→【设备】→【总线结构】，单击右键，在弹出的快捷菜单中选择【添加】	
2）选择【KUKA Extension Bus（SYS-X44）】，然后单击【OK】	

（续）

操作步骤	图示
3）选择【KUKA Extension Bus（SYS-X44）】，单击右键，在弹出的快捷菜单中选择【添加】	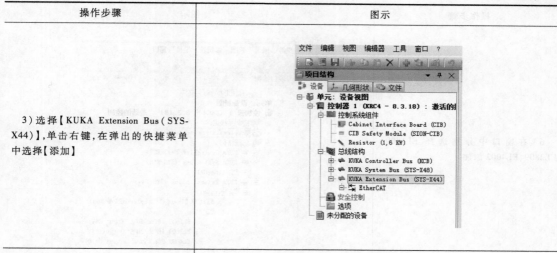
4）选择所需要的【EK1101 EtherCAT Coupler（2A E-Bus）】，单击【OK】添加	
5）选中【EK1101 EtherCAT Coupler（2A E-Bus）】，单击右键，在弹出的快捷菜单中选择【添加】	

（续）

操作步骤	图示
6）在窗口中分别选择 EL1809、EL2809、EL4002 添加	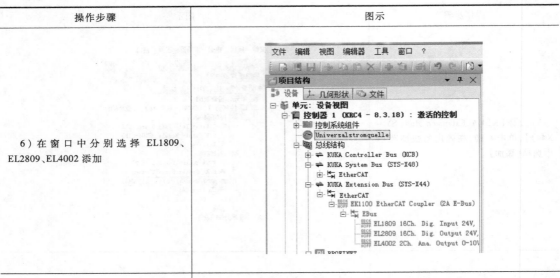
7）选择菜单【编辑器】→【输入输出接线】	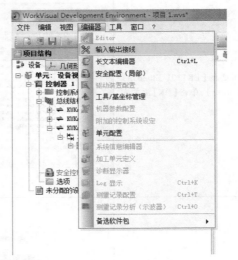
8）左边选择【KRC 输入/输出端】→【数字输入端】/【数字输出端】，右边选择【现场总线】，选择对应的输入输出模块 EL1809/EL2809，单击打开输入、输出端过滤器，选中一个 I/O，向左边拖动或将多个 I/O 一起拖动，进行输入、输出的 16 个 I/O 配置	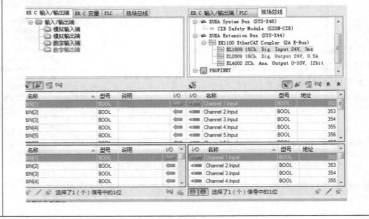

（续）

操作步骤	图示
8）左边选择【KRC 输入/输出端】→【数字输入端】/【数字输出端】，右边选择【现场总线】，选择对应的输入输出模块 EL1809/EL2809，单击打开输入、输出端过滤器，选中一个 I/O，向左边拖动或将多个 I/O 一起拖动，进行输入、输出的 16 个 I/O 配置	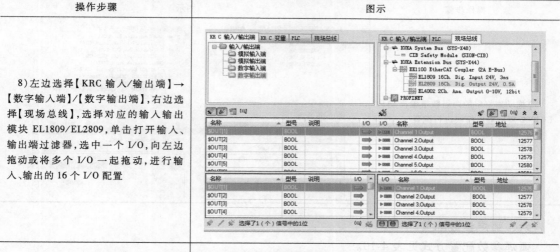
9）左边选择【KRC 输入/输出端】→【数字输出端】，右边选择【现场总线】，选择对应的模拟输出模块 EL4002，单击打开输出端过滤器	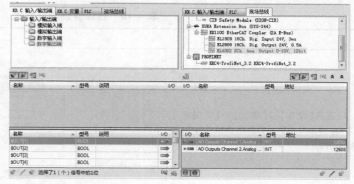
10）在左下方分别选中序号为 17～32 共 16 个输出，然后右键单击选择【编组】	
11）选择【INT】，并单击【OK】，然后再选中 33～48 共 16 个输出进行编组	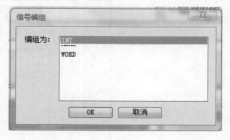

（续）

操作步骤	图示
12）拖动编好组的两组数字输出端和 EL4002 模拟输出模块进行配置	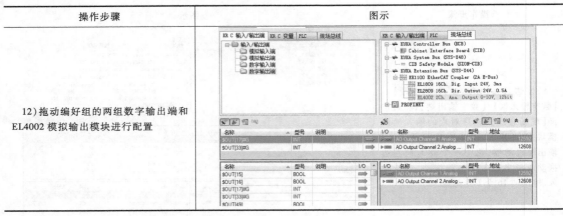

六、弧焊参数配置

弧焊参数配置方式见表 4-10。

表 4-10　弧焊参数配置方式

操作步骤	图示
1）选择【设备】→【单元】→【控制器 1】，右键单击添加 Universalstromquelle 和 ArcTechBasic 两个软件	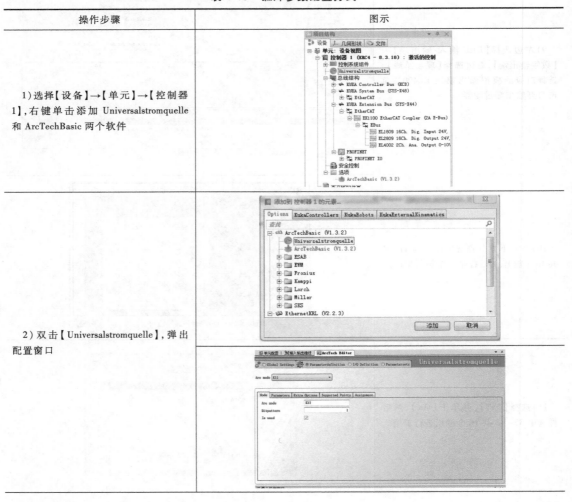
2）双击【Universalstromquelle】，弹出配置窗口	

（续）

操作步骤	图示
3）选中【Parameterdefinition】→【Mode】，在【Arc mode】文本框中输入任意名称	
4）选中【Parameterdefinition】→【Parameters】，勾选第一、第二项，并填上所需要的参数 ①分别输入电流、电压的任意名称 ②分别输入焊机的电流、电压最小值 ③分别输入电流、电压的标准值 ④分别输入焊机的电流、电压的最大值	
5）选中【Parameterdefinition】→【Supported Points】，在电流、电压的【Powersource】文本框中分别填入 0 和 32767	
6）选中【Parameterdefinition】→【Assignment】，勾选电流、电压的所有复选项	

Industrial Robot

（续）

操作步骤	图示
7) 选择【I/O Definition】→【Inputs】，勾选【Main current】，并把值改成1	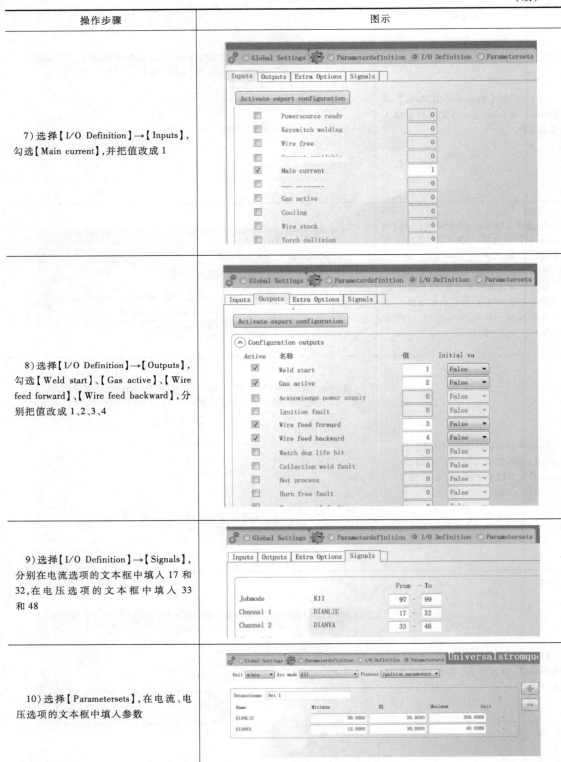
8) 选择【I/O Definition】→【Outputs】，勾选【Weld start】、【Gas active】、【Wire feed forward】、【Wire feed backward】，分别把值改成1、2、3、4	
9) 选择【I/O Definition】→【Signals】，分别在电流选项的文本框中填入17和32，在电压选项的文本框中填入33和48	
10) 选择【Parametersets】，在电流、电压选项的文本框中填入参数	

七、WorkVisual 向机器人写入项目

WorkVisual 向机器人写入项目的操作步骤见表 4-11。

表 4-11　WorkVisual 向机器人写入项目

操作步骤	图示
1）选择菜单栏中的【工具】→【生成代码】，检查是否有错误，如果有错误系统会提示生成代码失败	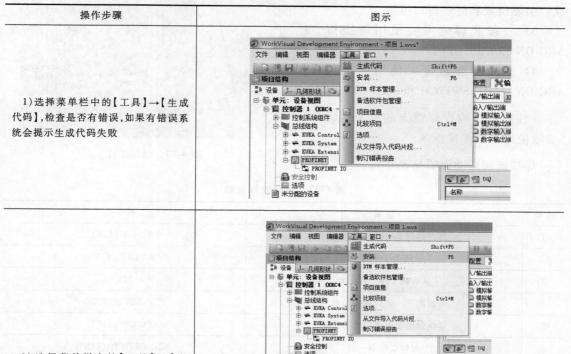
2）选择菜单栏中的【工具】→【安装】，把项目传送到外部控制器中 注意：在项目传送之前，外部机器人控制系统中需要选择专家或更高的用户组	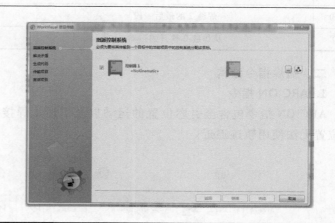

4.4.2　焊接编程

一、焊接程序结构

这里以一个工件的两条焊缝为例来说明焊接流程，示例工件如图 4-73 所示。

程序编写与
调试（焊接）

Industrial Robot

1）焊缝1是一段直线，焊缝2由三段线条组成。

2）一条焊缝必须至少由以下部分组成：引燃位置和终端焊口位置。

3）一段式焊缝需要使用焊接指令：ARC ON 和 ARC OFF。

4）多段的焊缝需要使用焊接指令：ARC ON、ARC SWITCH 和 ARC OFF。

注意：焊枪在焊缝上的每个运动都必须使用一个焊接指令。

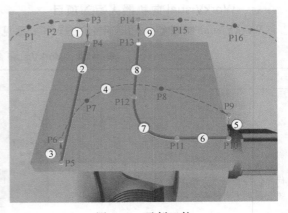

图4-73　示例工件

焊接流程运动说明见表4-12。

表4-12　焊接流程运动

序号	说明	指令
①	移向焊缝1引燃位置的运动	ARC ON（LIN）
②	焊缝1（1个运动）	ARC OFF（LIN）
③	从焊缝1移开的运动	LIN
④	移向下一条焊缝的运动	PTP、LIN 或 CIRC
⑤	移向焊缝2引燃位置的运动	ARC ON（LIN）
⑥	焊缝2的第一段	ARC SWITCH（LIN）
⑦	焊缝2的第二段	ARC SWITCH（CIRC）
⑧	焊缝2的最后一段	ARC OFF（LIN）
⑨	从焊缝2移开的运动	LIN

二、弧焊指令结构

1. ARC ON 指令

ARC ON 指令包含至引燃位置的运动以及引燃、焊接和摆动参数，如图4-74所示。引燃位置无法使用轨迹逼近。

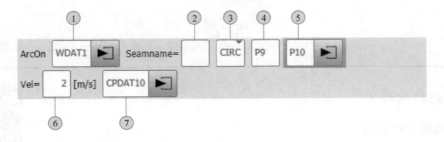

图4-74　ARC ON 指令

ARC ON 指令结构说明见表4-13。

表 4-13　ARC ON 指令结构说明

序号	说明
①	引燃和焊接数据组名称。系统自动赋予一个名称,名称可以被改写。需要编辑数据时点击箭头,相关选项窗口即自动打开
②	输入焊缝名称
③	运动方式:PTP、LIN、CIRC
④	辅助点名称,仅限于 CIRC。系统自动赋予一个名称,名称可以被改写
⑤	目标点名称。系统自动赋予一个名称,可以被改写。需要编辑点数据时点击箭头,相关选项窗口即自动打开
⑥	运动至引燃位置的运动速度。对于 PTP:0%～100%;对于 LIN 或 CIRC:0.001～2m/s
⑦	运动数据组名称。系统自动赋予一个名称,名称可以被改写。需要编辑数据时点击箭头,相关选项窗口即自动打开

2. ARC SWITCH 指令

ARC SWITCH 指令用于将一条焊缝分为多个焊缝段的情况。一条 ARC SWITCH 指令中包含其中一个焊缝段中的运动、焊接及摆动参数,如图 4-75 所示。定位方式始终采用轨迹逼近目标点。

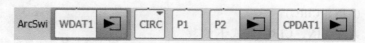

图 4-75　ARC SWITCH 指令

3. ARC OFF 指令

ARC OFF 指令用于在终端焊口位置结束焊接工艺过程,填满终端弧坑,指令结构如图 4-76 所示。终端焊口位置无法使用轨迹逼近。

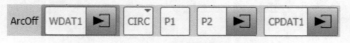

图 4-76　ARC OFF 指令

三、指令参数选项窗口

1. 坐标系

坐标系选择界面如图 4-77 所示。

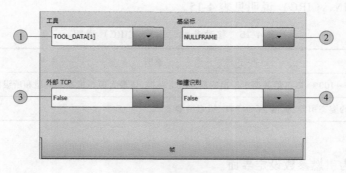

图 4-77　坐标系选择界面

坐标系说明见表4-14。

表4-14 坐标系说明

序号	说明
①	选择工具:工具[1]~工具[16]。当外部TCP栏中显示True时:选择工件
②	选择基坐标:零坐标系或者基坐标[1]~基坐标[32]。当外部TCP栏中显示True时:选择固定工具
③	插补模式。False:该工具已安装在机器人连接法兰上;True:该工具为一个外部固定工具
④	说明是否应测量轴转矩值。True:机器人控制系统为此运动测量轴转矩值,该轴转矩值需用于碰撞识别;False:机器人控制系统不为此运动测量轴转矩值,因此对此运动无法进行碰撞识别

2. 移动参数(PTP)

图4-78所示为PTP模式下的移动参数设定界面。其中,"加速"的设定范围为1%~100%,以机器数据中给出的最大值为基准,该最大值与机器人类型和所设定的运行方式有关。

3. 移动参数(LIN、CIRC)

图4-79所示为在LIN、CIRC模式下的移动参数设定界面。

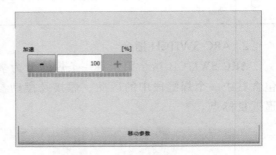

图4-78 移动参数设定(1)

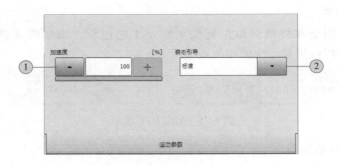

图4-79 移动参数设定(2)

移动参数(LIN、CIRC)说明见表4-15。

表4-15 移动参数(LIN、CIRC)说明

序号	说明
①	加速度:1%~100%,以机器数据中给出的最大值为基准,该最大值与机器人类型和所设定的运行方式有关
②	选择TCP的姿态引导:标准、手动PTP、恒定的姿态

4. 引燃参数

图4-80所示为引燃参数设定界面。

引燃参数说明见表4-16。

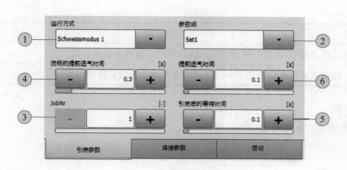

图 4-80 引燃参数设定

表 4-16 引燃参数说明

序号	说明
①	焊接模式(选择焊接模式的前提条件是处于专家用户组):焊接模式 1~焊接模式 4(默认名称)。可用的焊接模式可在 WorkVisual 中或在焊接数据组编辑器中配置(最多 4 种),焊接模式的名称只可在 WorkVisual 中更改
②	与任务相关的所选焊接模式数据组(选择数据组的前提条件是处于专家用户组),可用的数据组可在 WorkVisual 中或在焊接数据组编辑器中配置
③	该参数并非默认直接可用,而只作为在 WorkVisual 中配置的参数的示例
④	流畅的提前送气时间(焊接开始到执行 ARC ON 指令前的时间,期间已提前送气)
⑤	引燃后的等待时间(从电弧引燃至运动开始的等待时间)
⑥	提前送气时间(电弧引燃前的时间,期间已提前送气)

5. 焊接参数

图 4-81 所示为焊接参数设定界面。

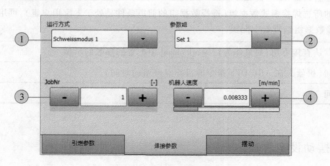

图 4-81 焊接参数设定

焊接参数说明见表 4-17。

表 4-17 焊接参数说明

序号	说明
①	焊接模式(选择焊接模式的前提条件是处于专家用户组):焊接模式 1~焊接模式 4(默认名称)。可用的焊接模式可在 WorkVisual 中或在焊接数据组编辑器中配置(最多 4 种),焊接模式的名称只可在 WorkVisual 中更改
②	与任务相关的所选焊接模式数据组(选择数据组的前提条件是处于专家用户组),可用的数据组可在 WorkVisual 中或在焊接数据组编辑器中配置

(续)

序号	说明
③	该参数并非默认直接可用,而只作为在 WorkVisual 中配置的参数的示例
④	焊接速度。焊接速度的单位可在 WorkVisual 中或在焊接数据编辑器中配置

6. 终端焊口参数

图 4-82 所示为终端焊口参数设定界面。

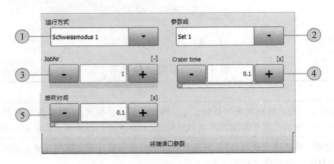

图 4-82　终端焊口参数设定

终端焊口参数说明见表 4-18。

表 4-18　终端焊口参数说明

序号	说明
①	焊接模式(选择焊接模式的前提条件是处于专家用户组):焊接模式 1~焊接模式 4(默认名称)。可用的焊接模式可在 WorkVisual 中或在焊接数据组编辑器中配置(最多 4 种),焊接模式的名称只可在 WorkVisual 中更改
②	与任务相关的所选焊接模式数据组(选择数据组的前提条件是处于专家用户组),可用的数据组可在 WorkVisual 中或在焊接数据组编辑器中配置
③	该参数并非默认直接可用,而只作为在 WorkVisual 中配置的参数的示例
④	终端焊口时间(机器人在 ARC OFF 指令的目标点停留的时间)
⑤	滞后断气时间

7. 摆动

图 4-83 所示为摆动设定界面。

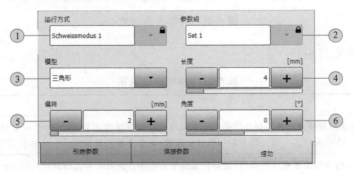

图 4-83　摆动设定

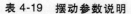

摆动参数说明见表 4-19。

表 4-19　摆动参数说明

序号	说明
①	在焊接参数界面中已选择的焊接模式(仅限于显示)
②	在焊接参数界面中已选择的所选焊接模式的数据组(仅限于显示)
③	选择摆动图形。在 WorkVisual 中或在焊接数据组编辑器中可配置用于焊接参数界面中所选数据组的可用摆动图形,可配置为可选所有摆动图形、给定某一摆动图形或无法摆动
④	摆动长度(1 个波形:从图形的起点到终点的轨迹长度),只有当选择了一个摆动图形时才可用
⑤	偏转(摆动图形的高度),只有当选择了一个摆动图形时才可用
⑥	角度(摆动面的转角):-179.9°~+179.9°,只有当选择了一个摆动图形时才可用

四、焊接程序

焊接程序说明见表 4-20。

表 4-20　焊接程序说明

程序行	说明
DEF HAN_JIE ( );	焊接程序
INI;	初始化参数行
PTP HOME　Vel = 100 % DEFAULT;	机器人起始位置
PTP P1　Vel = 100 % PDAT1 Tool[1] Base[1];	机器人运动到变位机上方安全位置 P1 点
OUT 105 ′bian wei ji 1′　State = TRUE;	DO105 置 1,变位机位置 1
WAIT FOR (IN 106 ′bianweiji 1′) CONT;	等待 DI106 为 1,变位机到位
LIN P2 Vel = 0.7 m/s LDAT1 ARC_ON Pgno = 1 S1 Seam1 Tool[1] Base[1];	机器人线性运动到 P2 点,焊接工件 1 的开始点,起弧
LIN P3 LDAT2 ARC_OFF Pgno = 1 E1 Seam0 Tool[1] Ba se[1];	机器人进行弧焊圆弧运动到 P3 点,结束焊接
PTP P4　Vel = 100 % PDAT1;	机器人运动到 P4 点,等待下个工件焊接
PTP P5 Vel = 100 % PDAT1 ARC_ON Pgno = 1 S1 Seam1 Tool[1] Base[1];	机器人运动到 P5 点,焊接工件 2 的开始点,起弧
CIRC P6 P7　LDAT2 ARC　Pgno = 1 W1 Tool[1] Base[1];	机器人进行弧焊圆弧运动到 P7 点,P6 点为圆弧过渡点
CIRC P8 P9 LDAT2 ARC_OFF Pgno = 1 E1 Seam0 Tool[1] Base[1];	机器人进行弧焊圆弧运动到 P9 点,P8 点为圆弧过渡点,在 P9 点结束焊接
PTP P10　Vel = 100 % PDAT1 Tool[1] Base[1];	机器人运动到 P10 点,等待下一步动作
OUT 106 ′bian wei ji 2′　State = TRUE;	DO106 置 1,变位机位置 2
WAIT FOR (IN 107 ′bianweiji 2′) CONT;	等待 DI107 为 1
LIN P11　Vel = 2.0 m/s LDAT0;	机器人运动到 P11 点,剪丝点上方
LIN P12　Vel = 2.0 m/s LDAT1;	机器人运动到 P12 点,剪丝点
OUT 104 ′jian si′　State = TRUE;	DO104 置 1,剪丝
WAIT Time = 1 sec;	等待 1s

（续）

程序行	说明
LIN P11　Vel = 2.0 m/s LDAT0;	机器人线性运动到 P11 点
LIN P13　Vel = 2.0 m/s LDAT1;	机器人线性运动到 P13 点
OUT 103 'qing qing'　State = TRUE;	DO103 置 1,清枪
WAIT Time = 5 sec;	等待 5s
PTP P14　Vel = 100 % PDAT1;	机器人运动到 P14 点
PTP HOME　Vel = 100 % DEFAULT;	机器人运动到起始位置
END;	结束

4.4.3　系统管理维护

在二氧化碳气体保护焊过程中,由于焊接材料、焊接参数选择不当等原因,会造成气孔、飞溅、裂纹、咬边、烧穿和未焊透等缺陷,严重时将影响焊缝的质量。

一、气孔

焊接气孔是指焊接熔池中的气体来不及逸出而停留在焊缝中形成的孔穴,如图 4-84 所示。

系统管理维护（焊接）

1. 主要原因

1）气体纯度不够,水分太多。

2）气体流量不当,包括气阀、流量计、减压阀调节不当或损坏;气路有泄漏或堵塞;喷嘴形状或直径选择不当;喷嘴被飞溅物堵塞;焊丝伸出长度太长。

3）焊接操作不熟练,焊接参数选择不当。

4）周围空气对流太大。

5）焊丝质量差,焊件表面清理不干净。

2. 防止措施

彻底清除焊件上的油、锈、水;更换气体;检查或串接预热器;清除附着在喷嘴内壁的飞溅物;检查气路有无堵塞和弯折处;采取挡风措施,减少空气对流。

二、飞溅

焊接过程中熔化的金属飞到熔池以外的地方称为飞溅,如图 4-85 所示。

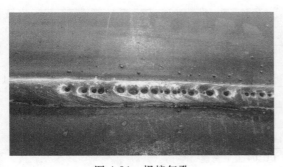

图 4-84　焊接气孔

图 4-85　焊接飞溅

1. **主要原因**

1) 短路过渡焊接时，直流回路电感值不合适，太小会产生小颗粒飞溅，过大会产生大颗粒飞溅。

2) 电弧电压选择不当，电弧电压太高会使飞溅增多。

3) 焊丝碳含量太高会产生飞溅。

4) 导电嘴磨损严重和焊丝表面不干净会使飞溅增多。

2. **防止措施**

选择合适的回路电感值，调节电弧电压，选择优质的焊丝，更换磨损严重的导电嘴。

三、裂纹

焊接裂纹是焊件中最常见的一种严重缺陷。它是指在焊接应力及其他致脆因素共同作用下，焊接接头中局部区域的金属原子结合力遭到破坏而形成的新界面所产生的缝隙，具有尖锐的缺口和大的长宽比等特征，如图4-86所示。裂纹影响焊件的安全使用，是一种非常危险的工艺缺陷。

1. **主要原因**

1) 焊件或焊丝中P、S含量高，Mn含量低，在焊接过程中容易产生热裂纹。

2) 焊件表面清理不干净。

3) 焊接参数选择不当，如熔深大而熔宽窄，焊接速度快，以及使熔化金属冷却速度增加，这些都是产生裂纹的原因。

4) 焊件结构刚度过大也会导致产生裂纹。

2. **防止措施**

严格控制焊件及焊丝中P、S等的含量，严格清理焊件表面，选择合理的焊接参数，对结构刚度较大的焊件可更改结构或采取焊前预热、焊后消氢的处理方法。

四、咬边

咬边主要是指焊件边缘或焊件与焊缝的交界处，在焊接过程中由于焊接熔池热量集中、温度过高而产生的凹陷，如图4-87所示。

图4-86 焊接裂纹

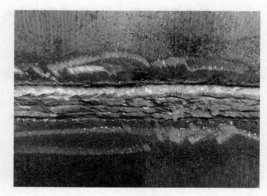

图4-87 咬边

1. **主要原因**

1) 焊接参数选择不当，如电弧电压过大、焊接电流过大或焊接速度太慢。

2) 操作不熟练。

2. 防止措施

选择合适的焊接参数；横焊时，焊条/焊丝角度应保证熔滴平稳地向熔池过渡而无下淌现象。

五、烧穿

烧穿是指焊接过程中熔化金属自坡口背面流出，形成穿孔的现象，如图 4-88 所示。

1. 主要原因

1）焊接参数选择不当，如焊接电流太大或焊接速度太慢等。

2）操作不当。

3）根部间隙太大。

2. 防止措施

选择合适的焊接参数；尽量采用短弧焊接；提高操作技能；在操作时，焊丝可做适当的直线往复运动；保证焊件的装配质量。

六、未焊透

未焊透是指母材金属未熔化，焊缝金属没有进入接头根部的现象，如图 4-89 所示。

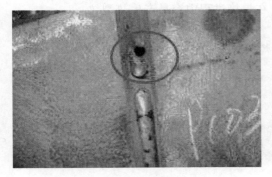

图 4-88　烧穿

图 4-89　未焊透

1. 主要原因

1）焊接参数选择不当，如电弧电压太低、焊接电流太小、送丝速度不均匀及焊接速度太快等均会造成未焊透。

2）操作不当，如摆动不均匀等。

3）焊件坡口角度太小，钝边太大，根部间隙太小。

2. 防止措施

选择合适的焊接参数，提高操作技能，保证焊件坡口加工质量和装配质量。

学习情境5 工业机器人视觉分拣系统应用与系统集成

【思维导图】

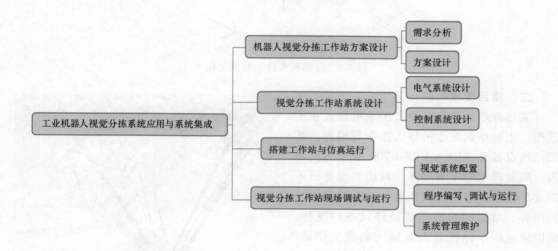

5.1 机器人视觉分拣工作站方案设计

5.1.1 需求分析

一、视觉分拣简介

传统的分拣工作是靠人工来完成的，人眼能准确识别不同物体间的差异，按照不同的要求进行分拣、归类以及残次品的人工剔除。但是随着工业自动化程度的提高，生产流程中的许多环节，如产品搬运、加工和分装等大部分被智能机器设备代替，人工分拣越来越难以适应快节奏、连续不断的工业生产。为了解决这一问题，某些机器设备被赋予了人眼视觉的功能，这些智能视觉设备可以控制其他的执行设备实现无人生产，如图 5-1 所示。

机器视觉系统的原理是使用机器代替人眼来做测量和判断，通过机器视觉产品将被摄取目标转换成图像信号，传送给专用的图像处理系统，根据像素分布、亮度和颜色等信息，转变成数字信号，图像处理系统对这些信号进行各种运算来抽取目标的特征，进而根据判别的结果来控制现场的设备动作。它综合了光学、机械、电子和计算机软硬件等方面的技术，通过运用计算机、图像处理、模式识别、信号处理和光机电一体化等，完成对目标的定位、识别及跟踪。视觉分拣机械手如图 5-2 所示。

需求分析（视觉）

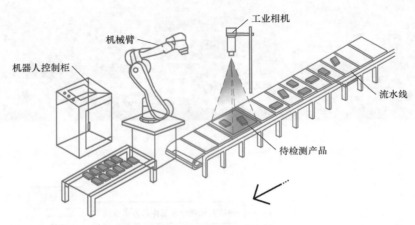

图 5-1　分拣流水线上的视觉相机

二、项目要求

　　某教育培训单位开设有工业机器人相关课程，主要培训工业机器人操作与编程，其依托的设备是 KUKA KR6-R700 型号的机器人。随着需求的不断提高，目前的设备已不能满足教学要求。培训新增了关于机器视觉的内容，增加的内容需要硬件设备的支持，所以决定将单体机器人升级为集成工作站，并加入视觉设备，实现机器人分拣的功能。

图 5-2　视觉分拣机械手

　　现有 A、B、C 三种形状不同的物料块。平放的投影形状：A 为正方形，B 为长方形，C 为圆形，如图 5-3 所示。

图 5-3　三种物料块

　　三种物料统一存放在库里，机器人安装相应的末端执行工具，拾取物料时可通过视觉设备的识别，辨别出形状，然后进行归类摆放，从而完成分拣作业。其中，A 物料的规格为 35mm×35mm×20mm，B 物料的规格为 60mm×30mm×20mm，C 物料的规格为 ϕ45mm×20mm。

5.1.2　方案设计

一、机器人

　　本工作站采用的是 KUKA KR6-R700 型号的机器人，它是功能全面的小型机器人（图 5-4），具有以下特点：

　　1）运行速度快，自重轻。

方案和工艺
设计（视觉）

2）具有极高的动态性能，安装也非常简便，有地面安装或倒置安装可选。

3）具有极高的重复定位精度，能轻松满足对节拍有严格要求的工作。

4）机器人干扰轮廓小。

5）拥有集成式能源供应系统。

6）可用 SmartPAD 直接操作机器人，工作方式有很多种，使用方便。

7）支持多种通信协议，如 Profibus、Profinet、Ethernet 等。

KUKA KR6-R700 机器人的轴范围见表 5-1。

KUKA KR6-R700 机器人的参数见表 5-2。

图 5-4　KUKA KR6-R700 型号的机器人

表 5-1　轴范围

轴	工作范围	速度/(°/s)
1	±170°	218
2	−190°~+45°	218
3	−120°~+156°	218
4	±185°	381
5	±120°	314
6	±350°	490

表 5-2　机器人参数

项目	参数
负荷	6kg
工作范围	706.7mm
轴数	6 轴
重复定位精度	±0.03mm
质量	50kg
安装位置	地面、天花板、墙
控制系统	KRC4-compact
防护等级	IP 54

二、立体料库设计

立体料库是用来存放物料的模块，分为上、下两层，如图 5-5 所示。

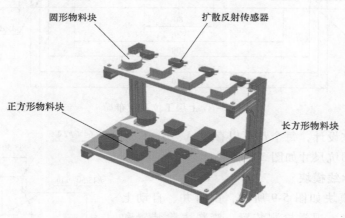

圆形物料块　　扩散反射传感器　　正方形物料块　　长方形物料块

图 5-5　立体料库三维图

立体料库的下层设置 8 个工位（图 5-6），前面 4 个工位安装有传感器检测装置，后面 4 个工位为备料工位；上层设置 4 个工位（图 5-7），每个工位安装有传感检测装置。料库的每个工位都可以放置正方形、长方形或圆形的物料，传感器可自动判断此工位是否有物料。

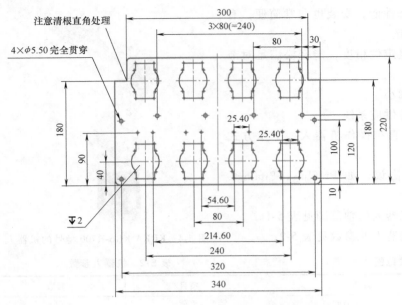

图 5-6　下层工位平面布局

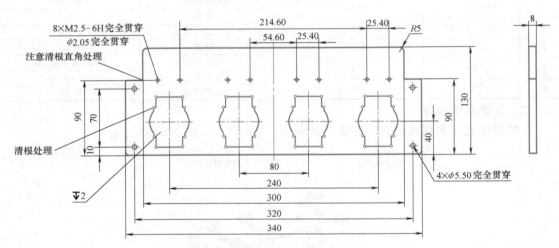

图 5-7　上层工位示意布局

工位采用凹坑设计，每个都可以存放 A、B、C 三种物料块。工位凹坑尺寸如图 5-8 所示。

三、模拟流水线模块

模拟流水线模块如图 5-9 所示，由料井、自动上料装置、传送装置、视觉检测装置、废料去除装置和到位检测装置组成。料井可兼容正方形、长方形和圆形三种形状的物料块，以固定的姿态到达料井底部。料井底部设置有反射型光纤传感器，当传感器检测到有物料落下时，触发自动上料装置，双轴气缸将物料推送到传送装置上。传送装置上的电动机配合精密减

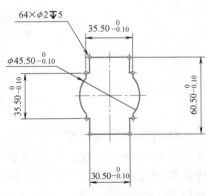

图 5-8　工位凹坑尺寸

速器驱动传送带，模拟真实工厂的流水线。在流水线的中间设置有视觉检测装置，可辨别物料的形状，引导机器人进行分拣，还可以检测产品是否合格。在传送带末端配有精密传感器，可感应产品是否到位。

1. 视觉检测装置

（1）欧姆龙 FH-L550 视觉控制器　视觉系统采用的是欧姆龙的 FH 系列，其组成包括 CCD 相机和视觉控制器；光源装置采用的是环形光源，是另行配置的市购件；视觉显示器也是另行配置的液晶显示屏。

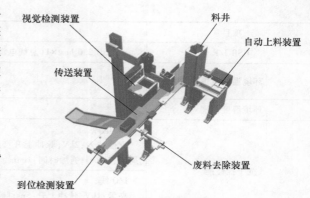

图 5-9　模拟流水线模块

视觉控制器接口如图 5-10 所示，其参数见表 5-3。

图 5-10　视觉控制器接口

表 5-3　视觉控制器参数

项目	参数
型号	FH-L550
控制器类型	箱型
并行 I/O 极性	NPN/PNP 通用
可连接的相机台数	2 台
场景数	128
串行通信协议	RS-232C×1
并行输入输出	高速输入：1 点 通用输入：9 点 高速输出：4 点 通用输出：23 点
监控 I/F	DVI-I 输出（模拟 RGB&DVI-D 单线程连接）×1

（续）

项目	参数
USB I/F	USB 2.0 host×1（总线电源：5V/0.5A）、USB 3.0×1（总线电源：5V/0.9A）
环境温度范围	工作时：0～+55℃ 保存时：-25～+70℃
环境湿度范围	10%～90%RH（不凝露）
抗干扰性能	DC 电源 直接注入：2kV；脉冲上升：5ns；脉冲宽度：50ns；脉冲串持续时间：15ms/0.75ms；周期：300ms；施加时间：1min
	I/O 线 夹紧：1kV；脉冲上升：5ns；脉冲宽度：50ns；脉冲串持续时间：15ms/0.75ms；周期：300ms；施加时间：1min
外形尺寸	200mm（高）×80mm（宽）×130mm（进深）
质量	约 1.5kg

（2）视觉相机 视觉系统采用的是欧姆龙 FZ-S 黑白 CCD 相机，如图 5-11 所示，其参数见表 5-4。

相机电缆

相机

光源

图 5-11 视觉相机及光源

表 5-4 视觉相机参数

项目	参数
型号	FZ-S
摄像元件	所有像素读出方式、行间传输型、CCD 摄像元件（相当于 1/3in）
色彩	黑白
有效像素数	640（H）×480（V）像素
摄像面积 H×V（对角）	4.8mm×3.6/6.0mm
像素尺寸	7.4μm×7.4μm
快门功能	电子快门方式（可在 20μs～100ms 的范围内设定快门速度）
局部曝光功能	12～480 线

（续）

项目	参数
帧速率（读取时间）	80 帧/s（12.5ms）
镜头 Mount	C 支架
视野、设置距离	可根据视野、设置距离选择镜头
环境温度范围	工作时：0～+50℃ 保存时：-25～+65℃（不结冰、凝露）
质量	约 55g

2. 施多德 KS 系列色标传感器

色标传感器可通过其自身发出的光在被检测纸表面上进行扫描，因表面颜色的不同而使反射回的光亮不同，从而实现对颜色标记的识别。在识别不同色差界面时，应仔细调节灵敏度旋钮，使其在适当的位置，识别颜色时，动作指示灯应该在浅颜色时亮，深颜色时灭。图 5-12 所示为色标传感器，其参数见表 5-5。

图 5-12　色标传感器

表 5-5　色标传感器参数

项目	参数
型号	KS-C2
检出方式	同轴反射型
电源电压	DC 9～33V，波纹小于 10%
消耗电流	30mA 以下
检出距离	12mm±2mm
光源	绿光、蓝光、白光可选
光束	$\phi0.5～\phi1.5mm$
检测频率	≥2KHz
输出电流	≤200mA
动作指示	红色 LED
感度调整	连续可变
防护等级	IP67
抗外光	灯泡 10000lx
	太阳光 1000000lx
使用温度	工作时：0～70℃，保存-25～80℃

（续）

项目	参数
抗振	$10 \sim 55\mathrm{Hz}$，振幅 $1.5\mathrm{mm}$，X、Y、Z 方向各 2h
抗撞击	$10g$ X、Y、Z 方向各 3 次
电线	标准 2m
外壳	灰色

四、产品码垛模块

工作站中配备有产品码垛模块，如图 5-13 所示。该模块作为流水线下料的存放台，台面上设置有与物料形状对应的 6 个工位和 2 个码垛练习工位，如图 5-14 所示。

根据物料的形状设计了单块物料摆放坑 6 个，其中每种物料 2 个。还设计了 2 个较大的摆放坑，每个可容纳 3 块长方形物料块。当传送装置末端到位传感器检测到有信号时，会触发机器人将物料块从传送带末端搬运到该台面对应的工位上。

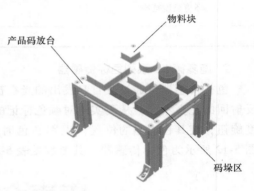

图 5-13　码垛模块

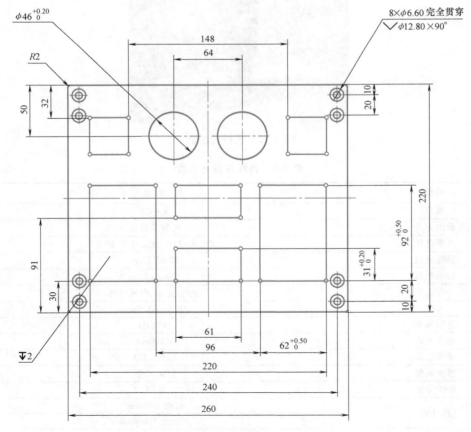

图 5-14　码垛模块结构尺寸

五、机器人工具模块

如图 5-15 所示，机器人末端工具是机器人的执行单元，该模块包括尖点辅助工具、笔形工具、夹爪工具和吸盘工具。

尖点辅助工具的形状为圆锥，具有 TCP 校准功能。笔形工具、夹爪工具和吸盘工具都配备了机械快换工具，与机器人法兰盘的机械快换工具配套使用，可实现工具的快速更换。夹爪工具和吸盘工具分别用于物料的抓取和吸附。

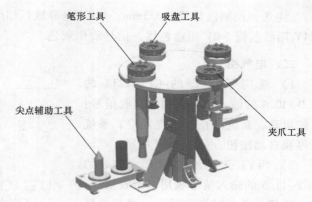

图 5-15　机器人工具模块

5.2　视觉分拣工作站系统设计

5.2.1　电气系统设计

视觉电气
系统设计

一、供电图

视觉分拣工作站的主电路采用单相 AC 220V，直接给机器人控制柜、电源插座和风扇供电。AC 220V 通过整流器转换成 DC 24V，供给 PLC 控制器和步进电动机（传送带电动机）。视觉设备、空气压缩机等通过插座供电。供电方案如图 5-16 所示。

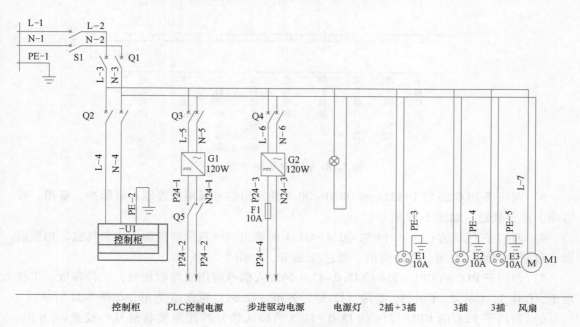

图 5-16　供电方案

注意：控制信号线：0.5mm；220V 电源线：相线用红色线，零线用蓝色线；控制线：24V 用红色线，0V 用蓝色线，信号线用灰色。

二、电气图

1）西门子 PLC 的 CPU-1214 的 I0.0~I0.4 的输入信号板用来接收信号：系统启动、系统停止、系统复位、系统急停和自动按钮，如图 5-17 所示。

2）西门子 PLC 的 CPU-1214 的 I0.5~I1.5 的输入信号板用来接收信号：手动按钮、送料推杆前限位、送料推杆后限位、物料检测、色标检测、废料推杆前限位、废料推杆后限位、工件到位和视觉到位，如图 5-18 所示。

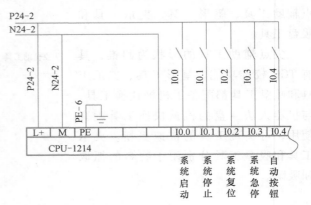

图 5-17　输入信号板（1）

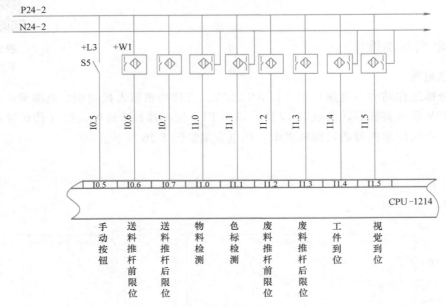

图 5-18　输入信号板（2）

3）西门子 PLC 的 CPU-1214 的 Q0.0~Q0.3 的输出信号板用来控制：带脉冲、备用、带方向、送料气缸，如图 5-19 所示。

4）西门子 PLC 的 CPU-1214 的 Q0.4~Q1.1 的输出信号板用来控制：废料气缸、拍照启动、机器人停止、备用、工件到位、颜色-蓝通知，如图 5-20 所示。

5）西门子 PLC 的 CPU-1214 的 I2.0~I2.7 的输入信号板用来接收信号：工件存放、工件取走、G01_1、G01_2、G01_3、备用（I2.5）、备用（I2.6）、视觉-正方形，如图 5-21 所示。

6）西门子 PLC 的 CPU-1214 的 I3.0~I3.5 的输入信号板用来接收信号：视觉-长方形、视觉-圆形、扩展启动、扩展停止、扩展复位、扩展光电开关，如图 5-22 所示。

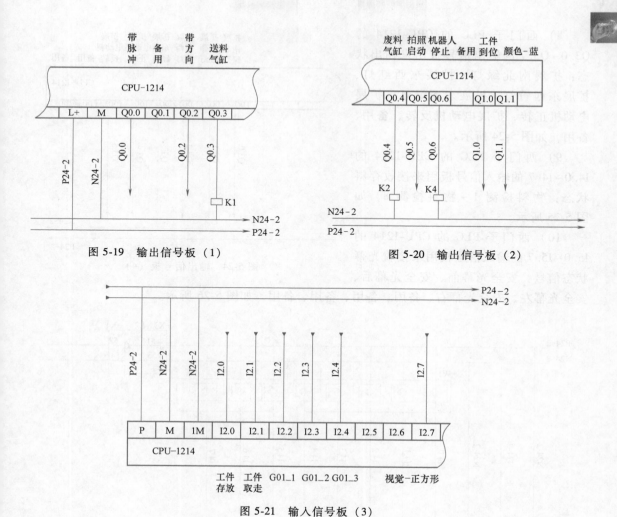

图 5-19　输出信号板（1）

图 5-20　输出信号板（2）

图 5-21　输入信号板（3）

7）西门子 PLC 的 CPU-1214 的 Q2.0～Q2.7 的输出信号板用来输出状态：颜色-白、视觉-正方形、视觉-长方形、视觉-圆形、启动指示灯、停止指示灯、扩展南北红灯、扩展南北黄灯，如图 5-23 所示。

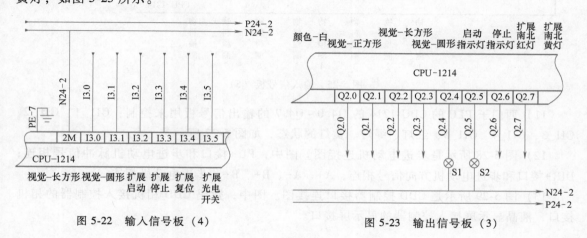

图 5-22　输入信号板（4）

图 5-23　输出信号板（3）

8）西门子 PLC 的 CPU-1214 的 Q3.0~Q3.7 的输出信号板用来输出状态：扩展南北绿灯、扩展东西红灯、扩展东西黄灯、扩展东西绿灯、扩展电动机正转、扩展电动机反转、备用、备用，如图 5-24 所示。

9）西门子 PLC 的 CPU-1214 的 I4.0~I4.7 的输入信号板用来接收存料状态：物料检测 1~物料检测 8，如图 5-25 所示。

10）西门子 PLC 的 CPU-1214 的 I5.0~I5.7 的输入信号板用来接收光幕状态信号：安全光幕前、安全光幕后、安全光幕左、安全光幕右、备用、备用、备用、备用，如图 5-26 所示。

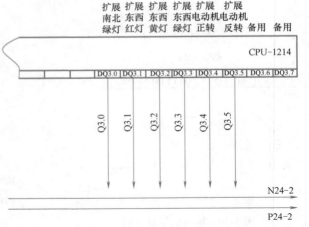

图 5-24　输出信号板（4）

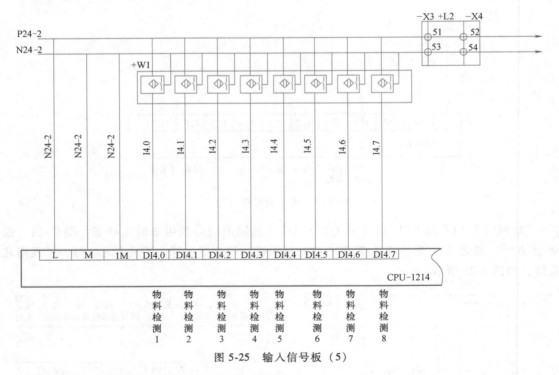

图 5-25　输入信号板（5）

11）西门子 PLC 的 CPU-1214 的 Q4.0~Q4.7 的输出信号板用来控制：GI1_1、GI1_2、GI1_3、GI1_4、GI1_5、红灯、绿灯、黄灯的状态，如图 5-27 所示。

12）图 5-28 所示是步进电动机连接图。图中，PU+接口和步进电动机脉冲信号相连；DIR+接口和步进电动机方向信号相连；A+、A-、B+、B-和步进电动机相连。

13）图 5-29 所示是 CDD 控制器接口连接图。图中，数码 CDD 相机接入控制器的相机接口，液晶显示屏接入控制器的显示屏接口。

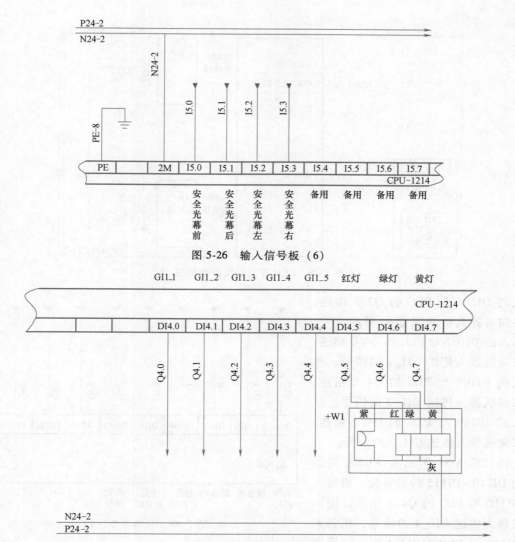

图 5-26 输入信号板（6）

图 5-27 输出信号板（5）

14）图 5-30 所示为 KUKA 机器人的 DI101～DI109 的信号板。机器人的 DI101 与 PLC 的 Q1.0 相连，用来向机器人传送工件到位的信号；机器人的 DI102 与 PLC 的 Q1.1 相连，用来向机器人传送颜色-蓝的信号；机器人的 DI103 与 PLC 的 Q2.0 相连，用来向机器人传送颜色-白的信号；机器人的 DI104 与 PLC 的 Q2.1 相连，用来向机器人传送视觉-正方形的信号；机器人的 DI105 与 PLC 的 Q2.2 相连，用来向机器人传送视觉-长方形的信号；机

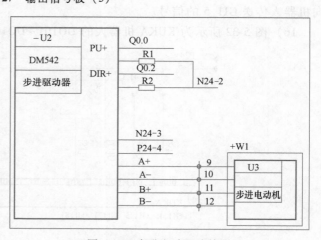

图 5-28 步进电动机连接图

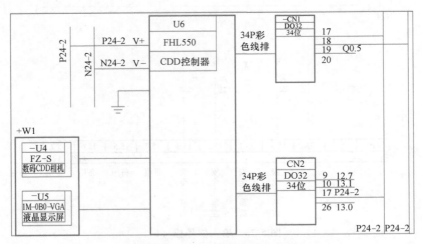

图 5-29 CCD 控制器接口连接图

器人的 DI106 与 PLC 的 Q2.3 相连，用来向机器人传送视觉-圆形的信号；机器人的 DI107 与 PLC 的 Q4.0 相连，用来向机器人传送 GI1_1 的信号；机器人的 DI108 与 PLC 的 Q4.1 相连，用来向机器人传送 GI1_2 的信号；机器人的 DI109 与 PLC 的 Q4.2 相连，用来向机器人传送 GI1_3 的信号。

15）图 5-31 所示为 KUKA 机器人的 DI110~DI115 的信号板。机器人的 DI110 与 PLC 的 Q4.3 相连，用来向机器人传送 GI1_4 的信号；机器人的 DI111 与 PLC 的 Q4.4 相连，用来向机器人传送 GI1_5 的信号。

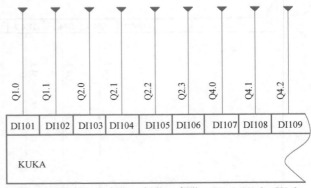

图 5-30 DI 信号板（1）

16）图 5-32 所示为 KUKA 机器人的 DO101~DO102 的信号板。机器人的 DO101 与继电

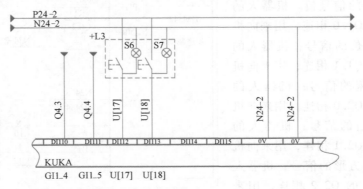

图 5-31 DI 信号板（2）

器 K3 相连，用来控制吸盘；机器人的 DO102 与 PLC 的 I2.0 相连，用来向 PLC 传送工件存放的信号。

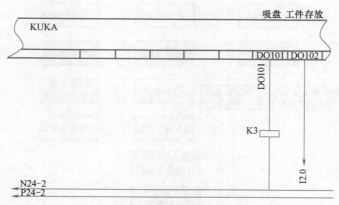

图 5-32　DO 信号板（1）

17）图 5-33 所示为 KUKA 机器人的 DO103～DO106 的信号板。机器人的 DO103 与 PLC 的 I2.1 相连，用来向 PLC 传送工件取走的信号；机器人的 DO104 与 PLC 的 I2.2 相连，用来向 PLC 传送 G01_1 的信号；机器人的 DO105 与 PLC 的 I2.3 相连，用来向 PLC 传送 G01_2 的信号；机器人的 DO106 与 PLC 的 I2.4 相连，用来向 PLC 传送 G01_3 的信号。

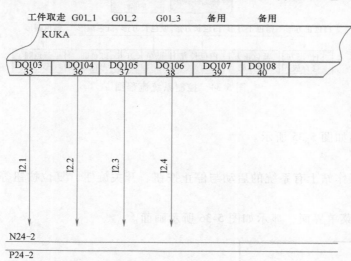

图 5-33　DO 信号板（2）

5.2.2　控制系统设计

一、视觉分拣系统控制方案

控制系统在上电后可以分为两种运行模式和急停模式。在手动运行模式下可以通过触摸屏对部分设备进行单独操作，在自动模式下可以按照工艺流程规划好的工序进行分拣作业。无论在何种模式下按下急停按钮均有效，设备可立即停止运行。控制系统流程图如图 5-34 所示。

控制系统设计（视觉）

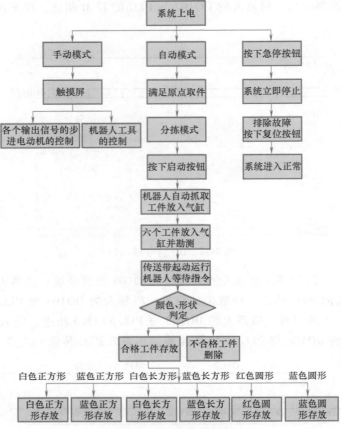

图 5-34　控制系统流程图

二、控制面板

控制面板布局如图 5-35 所示。

1. 操作按钮

在视觉分拣工作站上有系统的启动与停止按钮、开关旋钮、复位按钮等。

2. 人机界面

1）开机即主菜单界面，显示如图 5-36 所示画面。

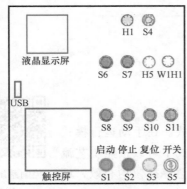

图 5-35　控制面板布局图

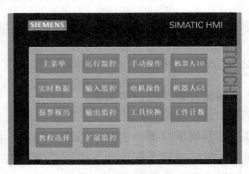

图 5-36　开机界面

2）点击界面上的【运行监控】按钮，弹出运行监控界面，如图 5-37 所示。通过该界面可以控制系统的启动、停止和复位，还可以显示目前的工作模式及当前的工件数。

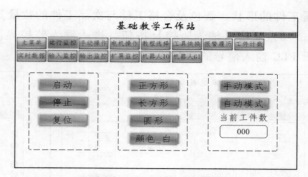

图 5-37　运行监控界面

3）点击【手动操作】按钮，进入手动操作界面，如图 5-38 所示。可以在触摸屏上直接控制三色灯、数码相机、送料气缸和废料气缸，也可以向机器人发送工件的颜色与形状信息。

4）点击【电机操作】按钮，进入电机操作界面，如图 5-39 所示。可以在触摸屏上直接手动控制步进电机的点动和连续正反转，也可以直接在步进【电机参数设定】框中设定速度和位置数据。

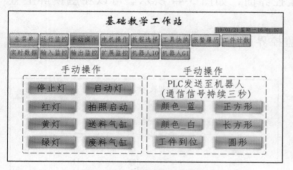

图 5-38　手动操作界面

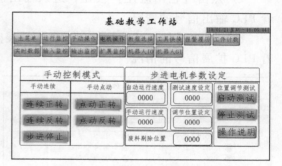

图 5-39　电机操作界面

5）点击【教程选择】按钮，进入教程选择界面，如图 5-40 所示。可以在触摸屏上设定行走轨迹、工件颜色的分拣、合格工件形状。点击选择的按钮，该按钮会变亮，再按一下可恢复原样。

6）点击【工具快换】按钮，进入工具快换界面，如图 5-41 所示。可以在触摸屏上选择笔形工具 1 和夹爪工具的拾取与放下，还可以进行安全光栅的状态显示，并且可以强制关闭安全光栅。

7）点击【工件计数】按钮，进入工件计数界面，如图 5-42 所示。可以在触摸屏上查

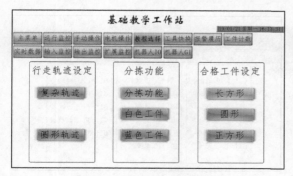

图 5-40　教程选择界面

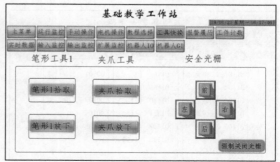

图 5-41　工具快换界面

看工件的形状、颜色及合格工件与次品工件的数量。

8）点击【输入监控】按钮，进入输入监控界面，如图 5-43 所示。可以在触摸屏上查看 PLC 输入信号的情况。

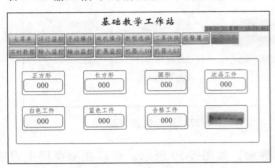

图 5-42　工件计数界面

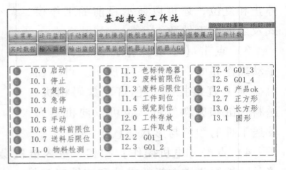

图 5-43　输入监控界面

9）点击【输出监控】按钮，进入输出监控界面，如图 5-44 所示。可以在触摸屏上查看 PLC 输出信号的情况。

10）点击【扩展监控】按钮，进入扩展监控界面，如图 5-45 所示。可以在触摸屏上查看 PLC 扩展信号的情况。

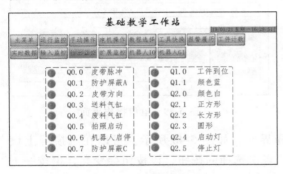

图 5-44　输出监控界面

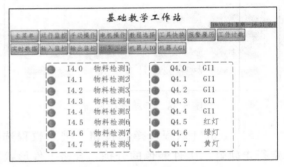

图 5-45　扩展监控界面

11）点击【机器人 IO】按钮，进入机器人 IO 界面，如图 5-46 所示。可以在触摸屏上查看机器人的 DI 和 DO 信号的情况。

12）点击【机器人 GI】按钮，进入机器人 GI 界面，如图 5-47 所示。可以在触摸屏上查看机器人的 GI 数据的情况。

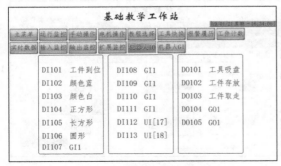

图 5-46　机器人 IO 界面

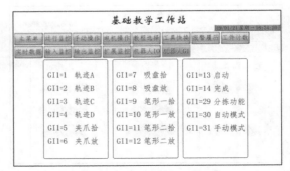

图 5-47　机器人 GI 界面

三、I/O 分配表的制作

视觉分拣工作站 PLC 分配表（输入）见表 5-6。

表 5-6　视觉分拣工作站 PLC 分配表（输入）

名称	作用	输入点
启动按钮	系统启动	I0.0
停止按钮	系统停止	I0.1
复位按钮	系统复位	I0.2
急停按钮	系统急停	I0.3
自动按钮	系统自动运行	I0.4
手动按钮	系统手动运行	I0.5
料井送料气缸前限位	送料推杆前限位	I0.6
料井送料气缸后限位	送料推杆后限位	I0.7
物料检测	检测物料有无	I1.0
色标检测	检测物料颜色	I1.1
废料气缸前限位	废料推杆前限位	I1.2
废料气缸后限位	废料推杆后限位	I1.3
传送带末端检测	物料到达传送带末端	I1.4
视觉到位检测	物料到达视觉位置	I1.5
工件存放	工件存在	I2.0
工件取走	工件不存在	I2.1
G01_1	G01_1	I2.2
G01_2	G01_2	I2.3
G01_3	G01_3	I2.4
G01_4	G01_4	I2.5
备用	备用	I2.6
视觉-正方形	检测为正方形物料	I2.7
视觉-长方形	检测为长方形物料	I3.0
视觉-圆形	检测为圆形物料	I3.1
扩展-启动	启动扩展功能	I3.2
扩展-停止	停止扩展功能	I3.3
扩展-复位	复位扩展功能	I3.4
扩展-光电	扩展的光电传感器检测	I3.5
备用	备用	I3.6
备用	备用	I3.7
物料检测1	物料检测1	I4.0
物料检测2	物料检测2	I4.1
物料检测3	物料检测3	I4.2
物料检测4	物料检测4	I4.3
物料检测5	物料检测5	I4.4
物料检测6	物料检测6	I4.5
物料检测7	物料检测7	I4.6
物料检测8	物料检测8	I4.7
安全光幕前	前方安全光幕检测	I5.0
安全光幕后	后方安全光幕检测	I5.1
安全光幕左	左方安全光幕检测	I5.2
安全光幕右	右方安全光幕检测	I5.3
备用	备用	I5.4
备用	备用	I5.5
备用	备用	I5.6
备用	备用	I5.7

Industrial Robot

视觉分拣工作站 PLC 分配表（输出）见表 5-7。

表 5-7　视觉分拣工作站 PLC 分配表（输出）

名称	作用	输入点
传送带脉冲	电动机脉冲	Q0.0
备用	备用	Q0.1
传送带方向	电动机方向	Q0.2
送料气缸	启动送料气缸	Q0.3
废料气缸	启动废料气缸	Q0.4
启动拍照	相机拍照	Q0.5
机器人停止	机器人停止	Q0.6
备用	备用	Q0.7
工件到位通知	工件到位	Q1.0
颜色-蓝通知	颜色为蓝色	Q1.1
颜色-白通知	颜色为白色	Q2.0
视觉-正方形	检测为正方形物料	Q2.1
视觉-长方形	检测为长方形物料	Q2.2
视觉-圆形	检测为圆形物料	Q2.3
启动指示灯	启动指示灯	Q2.4
停止指示灯	停止指示灯	Q2.5
南北红灯	扩展南北红灯	Q2.6
南北黄灯	扩展南北黄灯	Q2.7
南北绿灯	扩展南北绿灯	Q3.0
东西红灯	扩展东西红灯	Q3.1
东西黄灯	扩展东西黄灯	Q3.2
东西绿灯	扩展东西绿灯	Q3.3
电动机正转	扩展电动机正转	Q3.4
电动机反转	扩展电动机反转	Q3.5
备用	备用	Q3.6
备用	备用	Q3.7
GI1_1	组输入 GI1_1	Q4.0
GI1_2	组输入 GI1_2	Q4.1
GI1_3	组输入 GI1_3	Q4.2
GI1_4	组输入 GI1_4	Q4.3
GI1_5	组输入 GI1_5	Q4.4
三色灯红灯	三色灯红灯亮	Q4.5
三色灯绿灯	三色灯绿灯亮	Q4.6
三色灯黄灯	三色灯黄灯亮	Q4.7
数码管 1	点亮数码管 1	Q5.0
数码管 2	点亮数码管 2	Q5.1
数码管 4	点亮数码管 4	Q5.2
数码管 8	点亮数码管 8	Q5.3
数码管 X1	点亮数码管 X1	Q5.4
数码管 X2	点亮数码管 X2	Q5.5
数码管 X3	点亮数码管 X3	Q5.6
数码管 X4	点亮数码管 X4	Q5.7

四、PLC 程序

1. Main 主程序

主程序包含自动运行、手动运行、安全防护、输入信号处理、数据设定、颜色分拣、形状分拣、颜色形状组合分拣、工件计数、输出映射和报警程序11个子程序，其余程序段用来控制指示灯的亮灭、机器人停止及电动机急停。

（1）主程序对"自动运行"和"手动运行"子程序的逻辑控制 图5-48所示是通过自动按钮和手动按钮触发相应运行模式的子程序。

① 当按下自动按钮并且急停按钮没有按下的时候，线圈M21.0得电，即"自动运行"子程序被触发。

② 当按下手动按钮并且急停按钮没有按下的时候，线圈M21.1得电，即"手动运行"子程序被触发。

③ 当手动按钮和自动按钮都没有按下的时候，线圈M21.2得电则表示模式未选定。

（2）主程序对其他9个子程序的逻辑控制 图5-49所示是触发系统中各个子程序的梯形图。

M1.2触点（始终通电）不再继续通电时，"安全防护"子程序被触发；其他的子程序在M1.2触点（始终通电）一直继续通电时被一直触发。

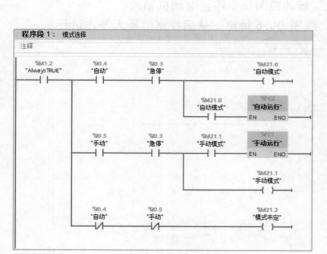

图5-48 主程序对手动和自动运行控制程序段

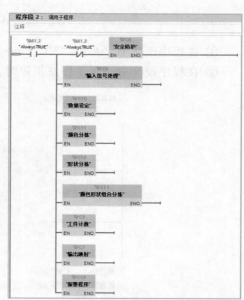

图5-49 主程序段

（3）主程序对工作站指示灯的逻辑控制 图5-50所示是触发工作站中指示灯的梯形图。

① 在程序段3中，在自动模式下并且没有按下急停按钮、复位按钮、停止按钮时，线圈M3.1（绿灯标志）自锁。

② 在程序段4中，在M1.2触点始终通电时，按下急停按钮，则线圈M3.2得电（红灯亮）；若急停按钮没有按下并且M3.1（绿灯标志）线圈得电，则线圈M3.3得电（绿灯亮）；若急停按钮没有按下并且M3.1（绿灯标志）线圈没有得电，则线圈M3.4得电（黄灯亮）。

（4）主程序对机器人停止和电动机急停的逻辑控制 图5-51所示是触发工作站机器人停止运行和电动机急停的梯形图。

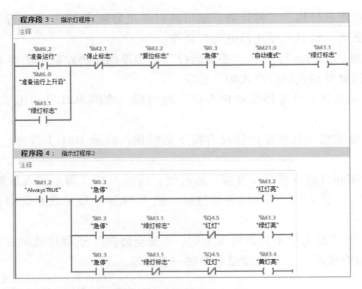

图 5-50　指示灯控制程序段

① 在程序段 7 中，是用 "MC_Power" 运动控制指令停止电动机轴的。

② 在程序段 9 中，当工作站报警时，线圈 Q0.6 得电，从而控制机器人停止运行。

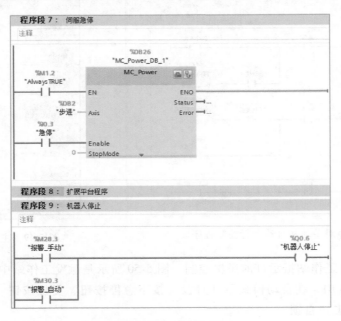

图 5-51　急停控制

2. "安全防护"子程序

（1）在手动模式下关闭安全光幕的程序　图 5-52 所示是手动关闭工作站安全光幕的梯形图。

程序通过 I5.0（安全光幕前）按钮、I5.1（安全光幕后）按钮、I5.2（安全光幕左）按钮和 I5.3（安全光幕右）按钮可以控制相应的安全光幕。

M28.4（HMI 安全光幕前）按钮、M28.5（HMI 安全光幕后）按钮、M28.6（HMI 安全光幕左）按钮和 M28.7（HMI 安全光幕右）按钮可以控制相应的安全光幕。

（2）在自动模式下关闭安全光幕的程序 图 5-53 所示是自动关闭工作站安全光幕的梯形图。

程序中在自动模式下一直复位触摸屏上面的 HMI 安全光幕控制按钮，并且当安全光幕检测到有物体接近时进行报警。

3．"输入信号处理"子程序

（1）通过触摸屏上的启动、复位、停止、急停按钮控制相应线圈 图 5-54 所示是工作站启动、停止、复位、急停信号处理的梯形图。

① 启动信号处理：按下控制面板上的启动按钮或者按下触摸屏上的启动按钮都可以使线圈 M2.0（启动标志）得电。

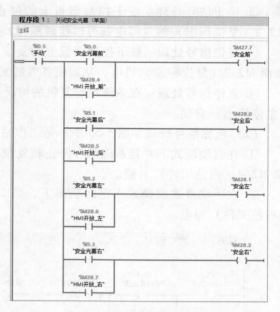

图 5-52 安全防护程序段（1）

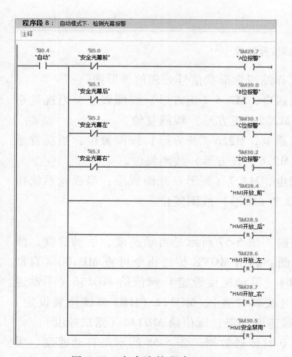

图 5-53 安全防护程序（2）

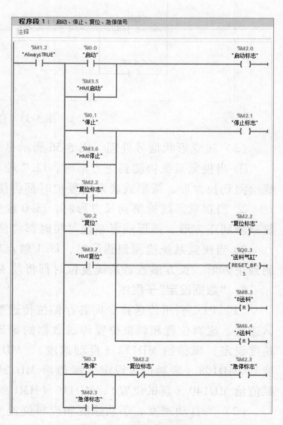

图 5-54 输入信号处理

② 停止信号处理：按下控制面板上的停止按钮、按下触摸屏上的停止按钮、程序中 M2.2（复位标志）触点得电都可以使线圈 M2.1（停止标志）得电。

③ 复位信号处理：按下控制面板上的复位按钮或者按下触摸屏上的复位按钮都可以使线圈 M2.2（复位标志）得电，从而使各气缸复位。

④ 急停信号处理：在系统没有复位的情况下，按下控制面板上的急停按钮使线圈 M2.3（急停标志）自锁。

（2）色标信号处理　图 5-55 所示是工作站色标信号处理的梯形图。

① 在自动模式下并且系统没有停止和复位时，当 I1.1（色标传感器）触点通电时，线圈 M2.4（白色工件）自锁。

② 在手动模式或模式未定的状态下，当 I1.1（色标传感器）触点通电时，线圈 M2.4（白色工件）得电。

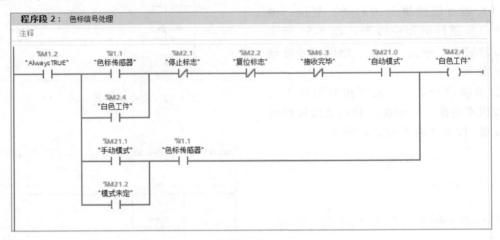

图 5-55　色标信号处理

（3）视觉形状信号处理　图 5-56 所示是工作站视觉形状信号处理的梯形图。

① 当视觉系统检测到正方形时，I2.7 触点通电，M2.5（正方形）线圈置位；当视觉系统检测到长方形、圆形或者系统复位时都将使 M2.5（正方形）线圈复位。

② 当视觉系统检测到长方形时，I3.0 触点通电，M2.6（长方形）线圈置位；当视觉系统检测到正方形、圆形或者系统复位时都将使 M2.6（长方形）线圈复位。

③ 当视觉系统检测到圆形时，I3.1 触点通电，M2.7（圆形）线圈置位；当视觉系统检测到正方形、长方形或者系统复位时都将使 M2.7（圆形）线圈复位。

4. "数据设定"子程序

（1）PLC 利用传送指令向各存储位传送数据　图 5-57 所示是自动速度、手动速度、测试速度、废料位置和调试位置传送数据的梯形图。利用 MOVE 传送指令可将 MD100（自动速度设定）赋值给 MD132（自动速度）、MD104（手动速度设定）赋值给 MD136（手动速度）、MD108（废料位置设定）赋值给 MD128（废料位置）、MD112（HMI 调试位置设定）赋值给 MD140（调试位置）、MD116（HMI 测试速度设定）赋值给 MD144（测试速度）。

（2）当自动速度、手动速度和废料位置为 0 时传送数据　图 5-58 所示是自动速度、手动速度和废料位置传送数据的梯形图。利用比较指令判断自动速度、手动速度和废料位置数

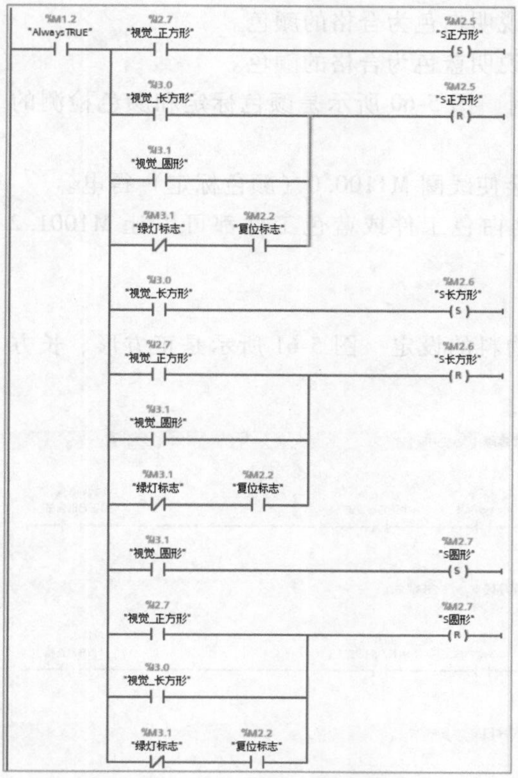

Industrial Robot

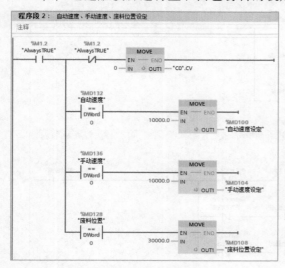

图 5-56 视觉形状信号处理

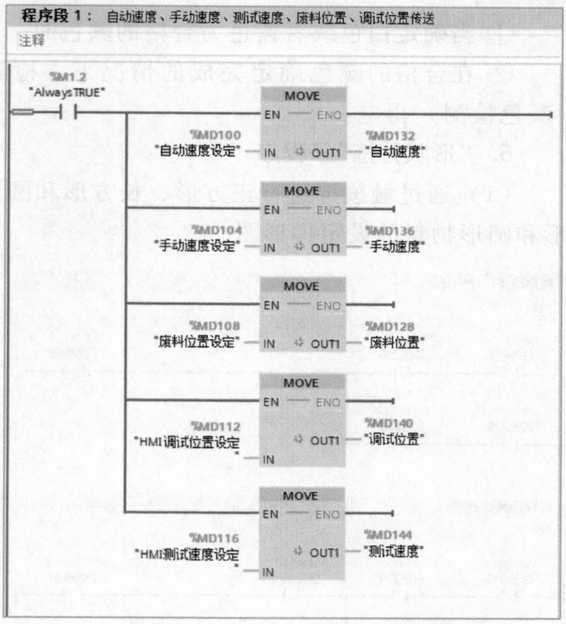

图 5-57 数据设定

据是否为 0，如果数据为 0，则将 10000 传送给 MD100（自动速度设定），将 10000 传送给 MD104（手动速度设定），将 30000 传送给 MD108（废料位置设定）。

5. "颜色分拣"子程序

（1）通过触摸屏进行蓝、白色物料的设定 图 5-59 所示是蓝、白色物料的设定梯形图。

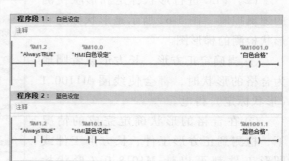

图 5-58 传送数据

图 5-59 颜色分拣

① 当 M10.0（HMI 白色设定）触点得电，则说明白色为合格的颜色。

② 当 M10.1（HMI 蓝色设定）触点得电，则说明蓝色为合格的颜色。

（2）PLC 进行颜色标定和颜色检测的逻辑控制　图 5-60 所示是颜色标定和颜色检测的梯形图。

① 当确定白色或者蓝色为合格的颜色时，都会使线圈 M1100.0（颜色标定）得电。

② 在合格的颜色确定完成的情况下，检测到白色工件或蓝色工件都可以让 M1001.2（颜色检测）得电。

6."形状分拣"子程序

（1）通过触摸屏进行正方形、长方形和圆形物料的设定　图 5-61 所示是正方形、长方形和圆形物料的设定梯形图。

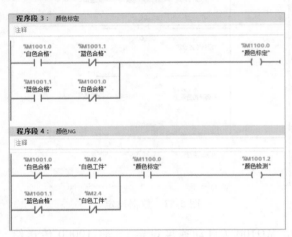

图 5-60　颜色控制

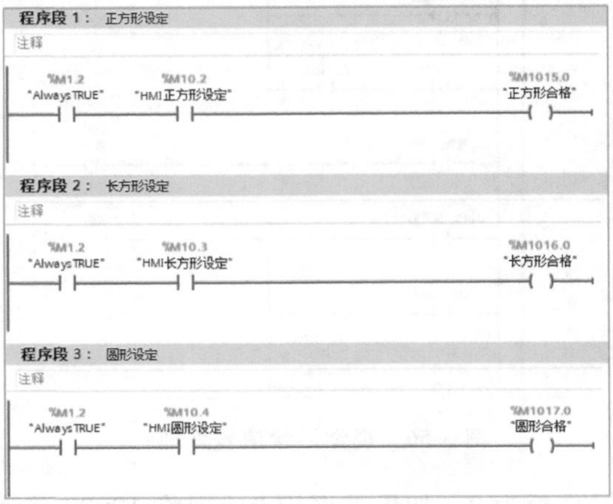

图 5-61　形状分拣

① 当 M10.2（HMI 正方形设定）触点得电，则说明正方形为合格的形状。

② 当 M10.3（HMI 长方形设定）触点得电，则说明长方形为合格的形状。

③ 当 M10.4（HMI 圆形设定）触点得电，则说明圆形为合格的形状。

（2）PLC 进行形状标定和形状检测的逻辑控制　图 5-62 所示是形状标定和形状检测的梯形图。

① 当确定正方形、长方形或者圆形为合格的形状时，都会使线圈 M1100.1（形状标定）得电。

② 在合格的形状确定完成的情况下，检测到正方形工件、长方形工件或圆形工件都可以让 M1018.0（形状检测）得电。

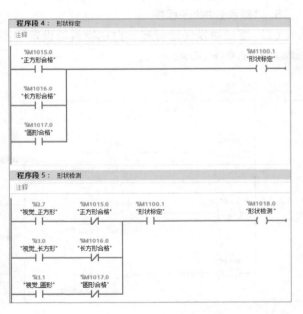

图 5-62　形状控制

7. "形状颜色组合分拣"子程序

（1）PLC进行颜色和形状的设定以及颜色形状检测　图5-63所示是颜色和形状的设定以及颜色形状检测的梯形图。

① 当颜色标定和形状标定都完成后，则使M1100.2（颜色形状标定）得电，确定工件合格的颜色和形状。

② 在合格的颜色和形状确定完成的情况下，检测到白色或蓝色的正方形工件、长方形工件、圆形工件都可以让M1100.3（颜色形状检测）得电。

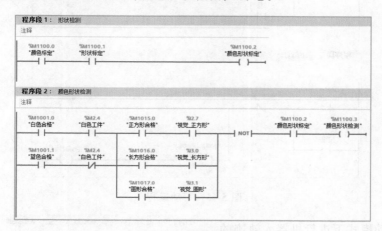

图5-63　颜色和形状控制

（2）PLC进行工件检测　图5-64所示是工件检测的梯形图。当颜色标定、形状标定和颜色形状标定中任意一个完成后，都可以使M1100.4（工件检测）得电，确定不合格的工件。

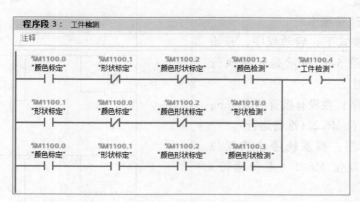

图5-64　工件检测

8. "手动运行"子程序

（1）在手动模式下进行送料气缸、废料气缸和相机的逻辑控制　图5-65所示是控制气缸和相机的梯形图。

① 程序段1：可通过触摸屏中的送料气缸和废料气缸按钮来控制线圈M17.0（送料）和M17.1（废料）。

② 程序段2：可通过控制面板上的拍照按钮或触摸屏上的拍照按钮控制线圈 M17.2（拍照）。

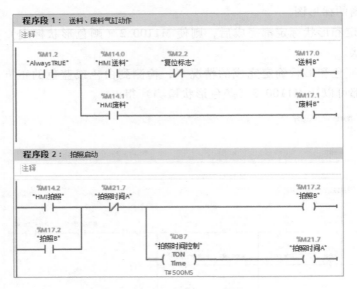

图 5-65　手动运行

（2）在手动模式下进行机器人轨迹的逻辑控制　图 5-66 所示是选择机器人轨迹的梯形图。可通过控制面板上的轨迹按钮或触摸屏上的轨迹按钮来控制相应的轨迹线圈并实现自锁。

9."自动运行"子程序

（1）在自动模式下，启动程序，开始执行送料程序　图 5-67 所示是开始执行送料程序的梯形图。

① 第一行程序：在没有报警的情况下，按下启动按钮，置位 M6.2（准备运行）。

② 第二行程序：当系统停止或复位的情况下，直接复位 M6.2（准备运行）和之后的 80 位。

③ 第三行程序：当 M6.2（准备运行）触点有高电平脉冲时直接置位 M8.3（送料）。

（2）在自动模式下等待机器人搬运未成品完成信号，复位之前的送料动作，并进行送料操作程序　图 5-68 所示是执行送料程序的梯形图。

① 第一行程序：在运行过程中，当

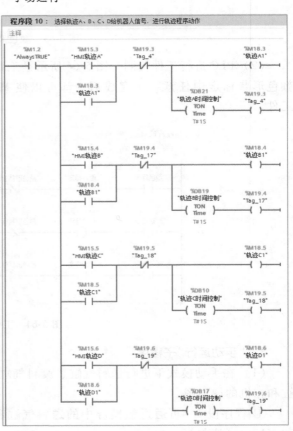

图 5-66　机器人轨迹控制

学习情境5 工业机器人视觉分拣系统应用与系统集成

I2.0（工件存放接收）有信号时，触发工件存放完毕的信号。

② 第二行程序：当工件存放完毕有高电平脉冲时，复位送料气缸，完成推料动作。

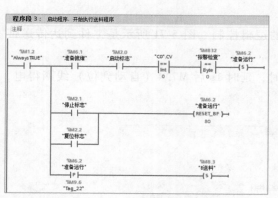

图 5-67 开始执行送料程序

图 5-68 送料程序

（3）在自动模式下送料完毕与传送带启动　图 5-69 所示是送料完成计数和传送带启动的梯形图。

① 程序段6：当推杆前限位检测到推杆时，说明此时完成送料，利用送料完毕信号的高电平进行计数。

② 程序段7：当送料完成后，线圈 M6.5 得电，传送带运动。

（4）在自动模式下，工件到达拍摄位置并启动相机　图 5-70 所示是工件到达拍摄位置

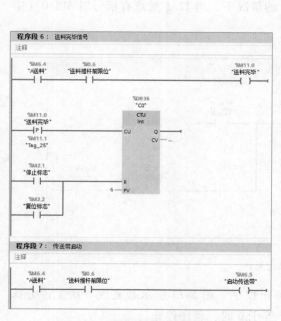

图 5-69 送料完毕与传送带启动

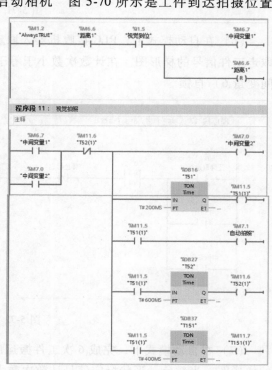

图 5-70 拍摄控制

215

并进行拍照的梯形图。

① 第一行程序段：当 I1.5（视觉到位）检测到工件后，线圈 M6.7 得电。

② 第二行程序段：当 M6.7 触点通电后，经过计时器逻辑控制后 M7.1（自动拍照）线圈得电。

（5）在自动模式下，工件到达传送带末端的逻辑控制　图 5-71 所示是工件到达传送带末端，并传送信号给机器人的梯形图。

当 I1.4（传送带末端工件到位）触点通电时，延时 1s 后 M7.4（自动到位）线圈得电，等到工件被取走便复位 M7.2（中间变量 3）。

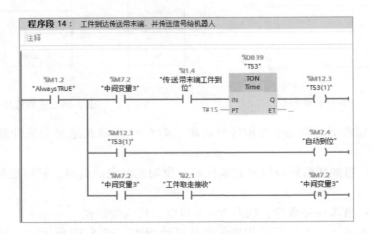

图 5-71　工件到达

（6）在自动模式下，PLC 接收机器人取走工件的信号　图 5-72 所示是 PLC 处理机器人取走工件信号的梯形图。在计数次数小于等于 5 的情况下，当 I2.1 触点有信号时 M8.0（中间变量 6）自锁。

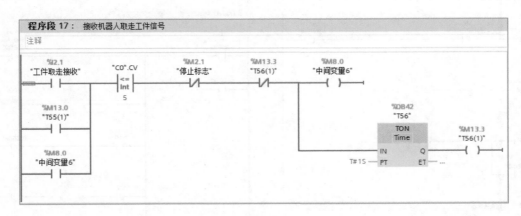

图 5-72　取走工件

（7）在自动模式下，完成 6 次工件搬运后停止程序　图 5-73 所示是完成 6 次工件分拣的梯形图，当颜色、形状标定信号计数次数大于等于 6 时，程序停止。

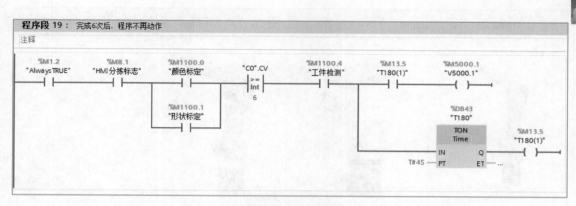

图 5-73　搬运工件

5.3　搭建工作站与仿真运行

一、模型搭建

1）将模型导入到机器人仿真软件中，按照装配图样进行仿真工作站的搭建，如图 5-74 所示。

机械系统装配（视觉）

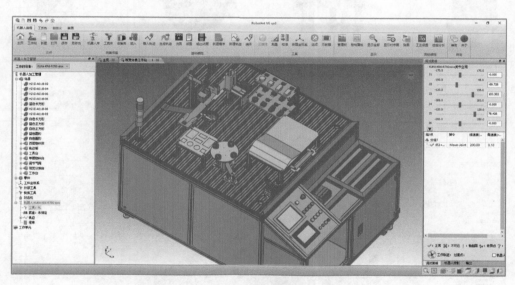

图 5-74　导入模型

2）机器人和工具可以从机器人库和工具库下载（下载的快换接头自带 TCP 坐标系），如图 5-75 所示。

3）下载的快换接头工具会自动安装在机器人上，工作站搭建完成，如图 5-76 所示。

二、抓取与放开功能

抓取/放开（生成轨迹）和抓取/放开（改变状态-无轨迹）功能可以实现零件与机器人、零件与零件之间的结合与脱离，完成动态仿真。抓取与放开功能见表 5-8。

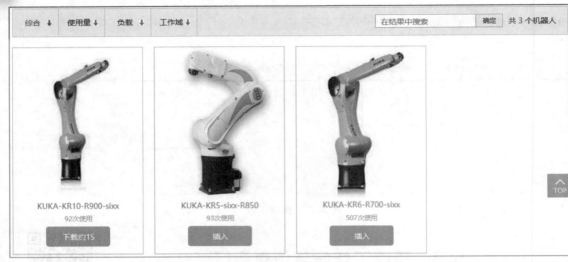

图 5-75　机器人和工具选择

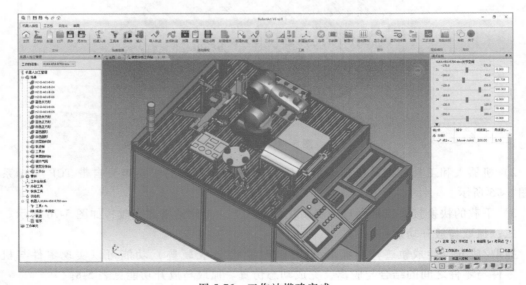

图 5-76　工作站搭建完成

表 5-8 抓取与放开功能

功能	抓取		放开	
应用场景	零件抓取机器人/机器人抓取零件		零件放开机器人/机器人放开零件	
基本概念	有轨迹显示	无轨迹显示	有轨迹显示	无轨迹显示
两者区别	一种动作，零件会根据该指令运动。生成的轨迹其实只有一个轨迹点	一种状态，无动作的产生	一种动作，机器人会根据该指令运动。生成的轨迹其实是一个轨迹点	一种状态，无动作的产生

选中要抓取的零件，单击鼠标右键，在弹出的快捷菜单中选择抓取/放开功能，如图 5-77 所示。

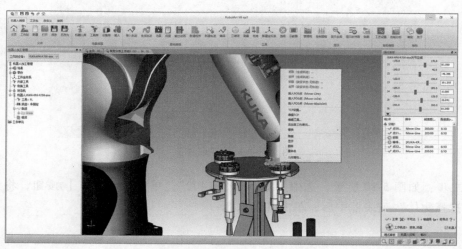

图 5-77 抓取/放开功能选项

当操作对象是机器人时，机器人和工具也有这两个指令，区别在于：机器人和工具使用该指令抓取零件时，机器人做的是关节运动（局部运动）；使用零件的抓取指令时，机器人做的是整体运动。

示例：在图 5-78 所示的场景中，要实现机器人被底座托着顺着导轨左右移动的效果，需要让底座抓取机器人。

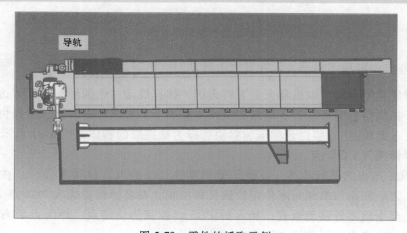

图 5-78 零件的抓取示例

第一步：如图 5-79 所示，右键单击底座，选择快捷菜单中的"抓取（改变状态-无轨迹）"

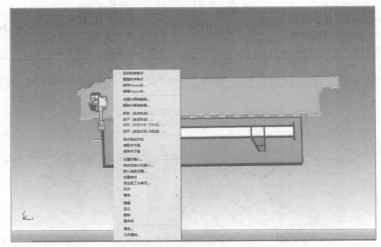

图 5-79　选择抓取功能

第二步：如图 5-80 所示，选中"kuka-kr5-r1400"，单击【增加》】按钮，将其添加到"已选择物体"列表框中后，单击【确认】。

图 5-80　选择被抓取的物体

这时底座已经抓取了机器人，在导轨上移动时，机器人也会随之而动。

当操作对象是零件时，以机器人上下料为例，推杆推动白色圆形物料到传送带上，这时需要先让推杆抓取白色圆形物料。详细的操作步骤如下：右键单击气缸，选择快捷菜单中的"抓取-改变状态无轨迹"；将白色圆形物料块选择为被抓取的物体如图 5-81 所示。

三、为零件插入 POS 点

零件的 POS 点指的是驱动点，也就是驱动零件移动的点。移动零件时，在初始位置插入 POS 点 1，之后利用三维球将零件定位到目标位置，在目标位置插入 POS 点 2。插入两个POS 点后，便会生成零件移动轨迹，插入的 POS 点被视为轨迹点。POS 点的右键快捷菜单中包含了诸多与轨迹点相同的操作指令。

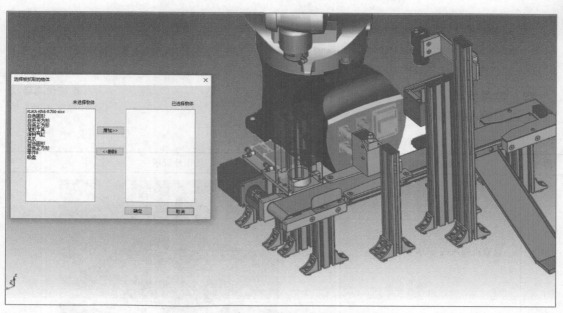

图 5-81 零件抓取操作步骤

示例：图 5-82 所示为将白色圆形物料插入 POS 点。

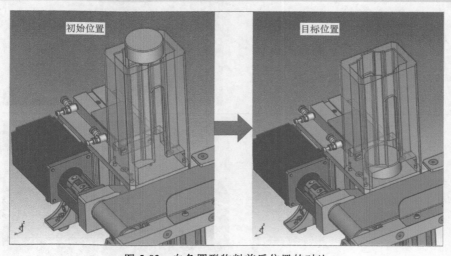

图 5-82 白色圆形物料前后位置的对比

第一步：右键单击白色圆形物料，选择快捷菜单中的"插入 POS 点"。之后就可以在机器人加工管理面板中看到插入驱动点的特征，如图 5-83 所示。

图 5-83 白色圆形物料的树形图特征

第二步：将白色圆形物料拖动到图 5-82 所示目标位置，插入第二个驱动点。进行仿真，可以看到白色圆形物料从顶部垂直下落到底部的整个过程。

系统仿真运行（视觉）

四、仿真步骤

上述示例的整体仿真过程见表 5-9。

表 5-9　整体仿真过程

序号	操作步骤	图片说明
1	设置机器人的 HOME 点	
2	抓取吸盘工具	
3	抓取双层物料台上的白色圆形物料	
4	移动到料井上方合适的位置	

（续）

序号	操作步骤	图片说明
5	插入零件的 POS 点，驱动零件进行料井中的下落及传送带上的移动动作	
6	抓取传送带末端的白色物料	
7	将物料放置在码垛台相应的凹槽内	
8	抓取双层物料台上的白色正方形和长方形物料，按照相同的仿真方法，完成仿真路径	
9	抓取双层物料台上的蓝色圆形物料	

（续）

序号	操作步骤	图片说明
10	移动到料井上方合适的位置	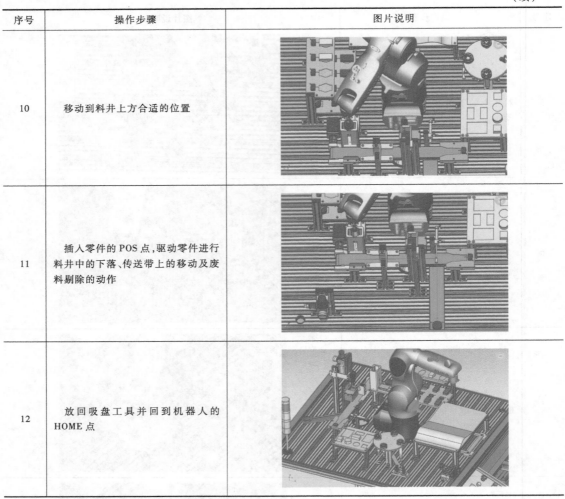
11	插入零件的 POS 点，驱动零件进行料井中的下落、传送带上的移动及废料剔除的动作	
12	放回吸盘工具并回到机器人的HOME 点	

5.4 视觉分拣工作站现场调试与运行

5.4.1 视觉系统配置

一、视觉功能要求

在视觉相机中录入三种物料块的形状信息，通过在视觉系统中编程设置，当相机拍照的物料为正方形时，机器人信号 IN104＝ON；当相机拍照的物料为长方形时，机器人信号 IN105＝ON；当相机拍照的物料为圆形时，机器人信号 IN106＝ON。

1. 形状搜索

形状搜索功能主要用于工件的轮廓信息的检测，将测量物的特征部分登录为图像模型，然后在输入图像中搜索与模型最相似的部分，并检测其位置。可输出表示相似程度的相似度、测量对象的位置及斜率。

工艺分析（视觉）

2. 并行判定输出

可输出单元或场景的判定结果以及对计算结果的判定结果,通过并行接口将判定结果传送到可编程控制器或 PC 等外部设备中,判定结果可在判定 0~判定 15 之间设定,并分别从 DO0~DO15 输出。

3. 信号连接

视觉系统的 DO0 与机器人的 IN104 相连,视觉系统的 DO1 与机器人的 IN105 相连,视觉系统的 DO2 与机器人的 IN106 相连。

二、视觉编程

视觉编程过程见表 5-10。

表 5-10 视觉编程过程

序号	操作步骤	图片说明
1	将标准物料块放置在合适的位置,单击【执行测量】刷新相机获取图像,调整相机和照明光源并刷新图像,直至获得一个最清晰的图像为止	
2	在主界面单击工具窗口中的【流程编辑】进行场景的登录,选中处理项目列表中的"形状搜索Ⅲ"直接拖动至左侧场景中("图像输入"默认已经登录到场景中)	
3	将正方形物料放置在相机镜头下方,单击软件主界面的【执行测量】刷新图像,单击"形状搜索Ⅲ"前方的图标,进入该处理单元的属性设置窗口	

（续）

序号	操作步骤	图片说明
4	用"输入图像"的方式进行模型登录	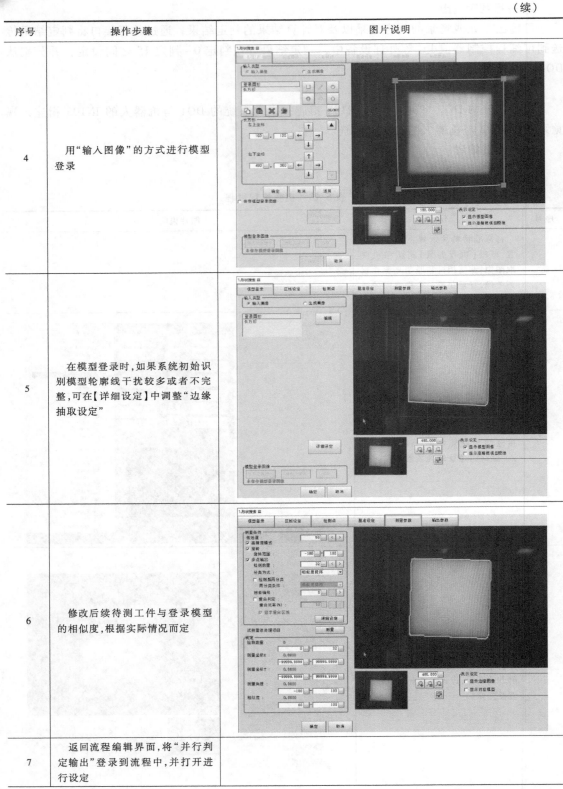
5	在模型登录时,如果系统初始识别模型轮廓线干扰较多或者不完整,可在【详细设定】中调整"边缘抽取设定"	
6	修改后续待测工件与登录模型的相似度,根据实际情况而定	
7	返回流程编辑界面,将"并行判定输出"登录到流程中,并打开进行设定	

（续）

序号	操作步骤	图片说明
8	选中列表框中的"0"行（即输出信号地址 DO0），单击"表达式"文本框最右边的选择按钮	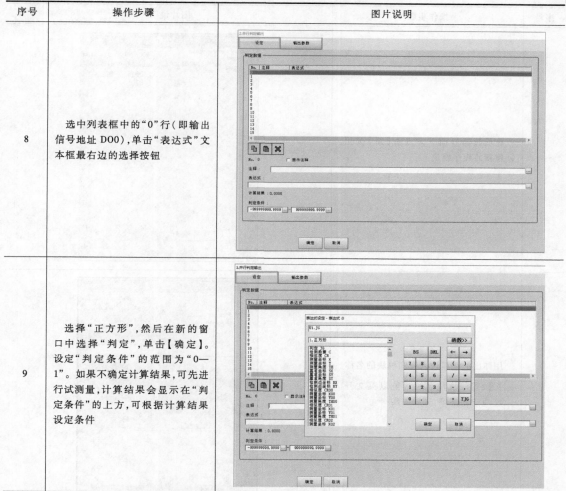
9	选择"正方形"，然后在新的窗口中选择"判定"，单击【确定】。设定"判定条件"的范围为"0—1"。如果不确定计算结果，可先进行试测量，计算结果会显示在"判定条件"的上方，可根据计算结果设定条件	

分别用三个"形状搜索Ⅲ"功能录入三种物料并调整好测量参数。用"并行判定输出"功能为上述三个功能分别指定输出信号、判定表达式和判定条件，当测量物料块为正方形时 DO0 置位，为长方形时 DO1 置位，为圆形时 DO2 置位。

5.4.2 程序编写、调试与运行

一、程序框架

程序主要包含一个逻辑判断主程序和三种形状的物料分拣路径程序，IN101＝ON 为工件到传送带末端的信号，程序框架如图 5-84 所示。

二、圆形物料块分拣动作程序

下面以圆形物料块分拣的子程序为例进行说明，其他两个子程序的编程方法和步骤与之相同。操作步骤见表 5-11。

程序编写调试与运行（视觉）

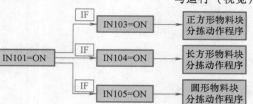

图 5-84 程序框架

表 5-11　圆形物料块分拣动作程序

序号	操作步骤	图片说明
1	在示教器界面下方点击【新】按钮，创建新的程序模块	
2	用弹出的键盘输入程序模块的名称。 注意:程序模块名称只能以英文开头,点击回车键,完成创建	
3	点击下方的【打开】按钮,进入程序编辑器	

（续）

序号	操作步骤	图片说明
4	手动操作机器人,将 TCP 移至状态机的正上方作为安全点 P1	
5	在程序编辑界面中,将光标置于 HOME 程序行	
6	点击下方【指令】按钮,选择【运动】	

（续）

序号	操作步骤	图片说明
7	选择运动指令【PTP】	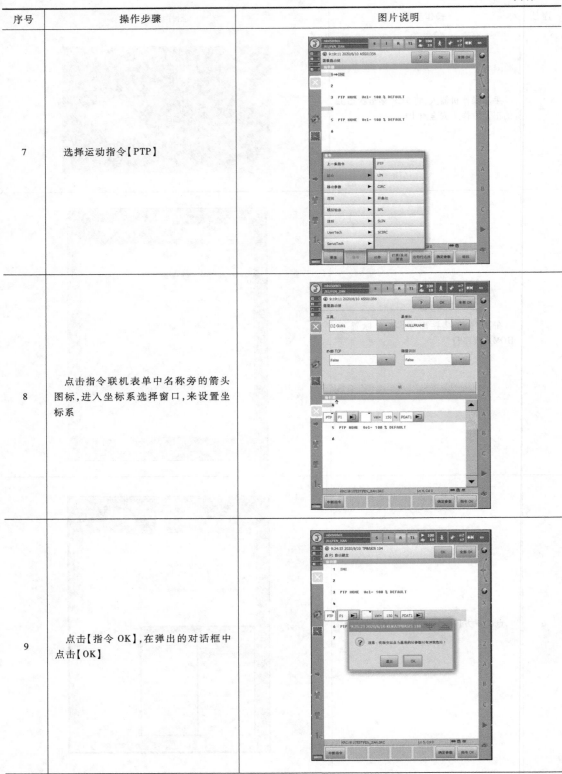
8	点击指令联机表单中名称旁的箭头图标，进入坐标系选择窗口，来设置坐标系	
9	点击【指令 OK】，在弹出的对话框中点击【OK】	

（续）

序号	操作步骤	图片说明
10	指令添加完成	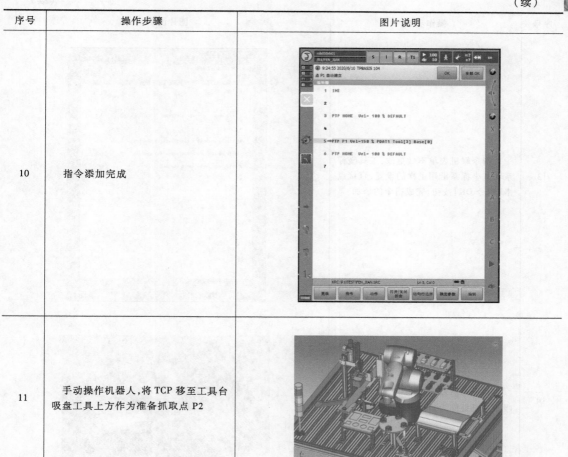
11	手动操作机器人，将 TCP 移至工具台吸盘工具上方作为准备抓取点 P2	
12	在程序编辑界面中将光标置于 P1 点程序行。点击下方【指令】按钮，选择【运动】→【PTP】	

（续）

序号	操作步骤	图片说明
13	对指令联机表单不做更改,工具坐标系和基坐标系沿用上次的设置,直接点击【指令 OK】按钮,完成指令的添加	
14	手动操作机器人,将 TCP 移至工具台吸盘工具处作为抓取点 P3	
15	在程序编辑界面中将光标置于 P2 点程序行。点击下方【指令】按钮,选择【运动】→【LIN】	

（续）

序号	操作步骤	图片说明
16	对指令联机表单不做更改,工具坐标系和基坐标系沿用上次的设置,直接点击【指令 OK】按钮,完成指令的添加	
17	在程序编辑界面中将光标置于 P3 点程序行。点击下方【指令】按钮,选择【逻辑】→【OUT】→【OUT】	
18	将 OUT 指令设置成输出端为 1,State 为 FALSE。输出快换工具的信号,然后点击【指令 OK】按钮,完成指令的添加	

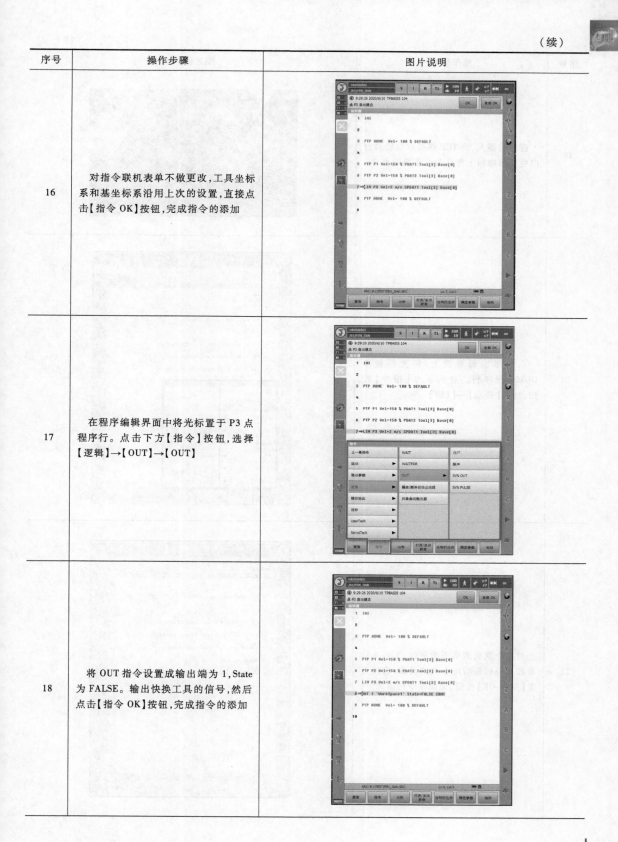

（续）

序号	操作步骤	图片说明
19	移动机器人，将 TCP 移至双层物料台白色圆形物料上方作为准备抓取点 P4	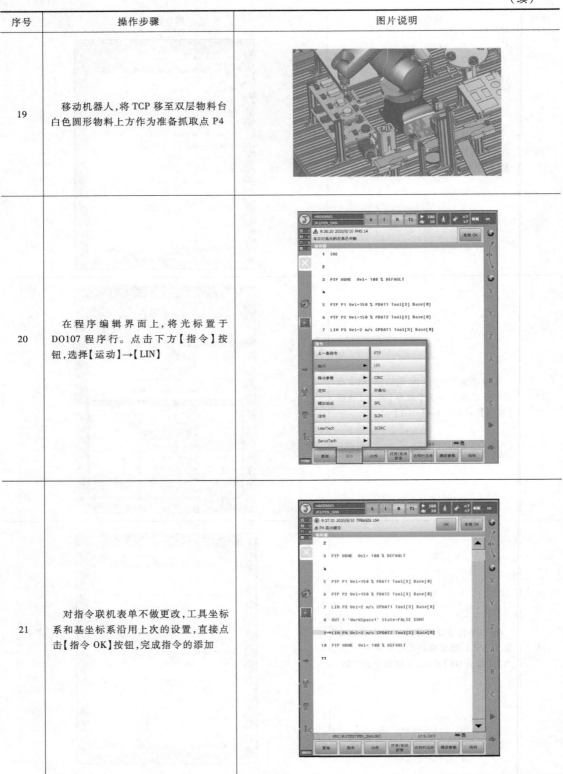
20	在程序编辑界面上，将光标置于 DO107 程序行。点击下方【指令】按钮，选择【运动】→【LIN】	
21	对指令联机表单不做更改，工具坐标系和基坐标系沿用上次的设置，直接点击【指令 OK】按钮，完成指令的添加	

（续）

序号	操作步骤	图片说明
22	移动机器人，将 TCP 移至双层物料台白色圆形物料处作为抓取点 P5	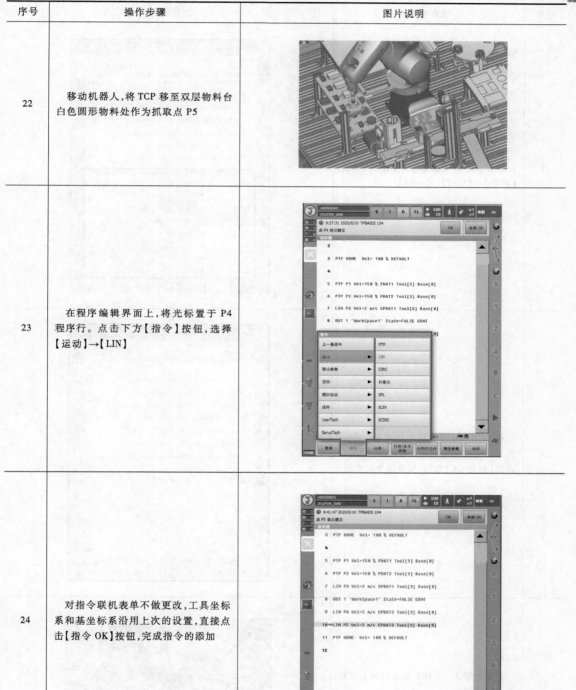
23	在程序编辑界面上，将光标置于 P4 程序行。点击下方【指令】按钮，选择【运动】→【LIN】	
24	对指令联机表单不做更改，工具坐标系和基坐标系沿用上次的设置，直接点击【指令 OK】按钮，完成指令的添加	

Industrial Robot

（续）

序号	操作步骤	图片说明
25	在程序编辑界面中将光标置于 P5 点程序行。点击下方【指令】按钮,选择【逻辑】→【OUT】→【OUT】	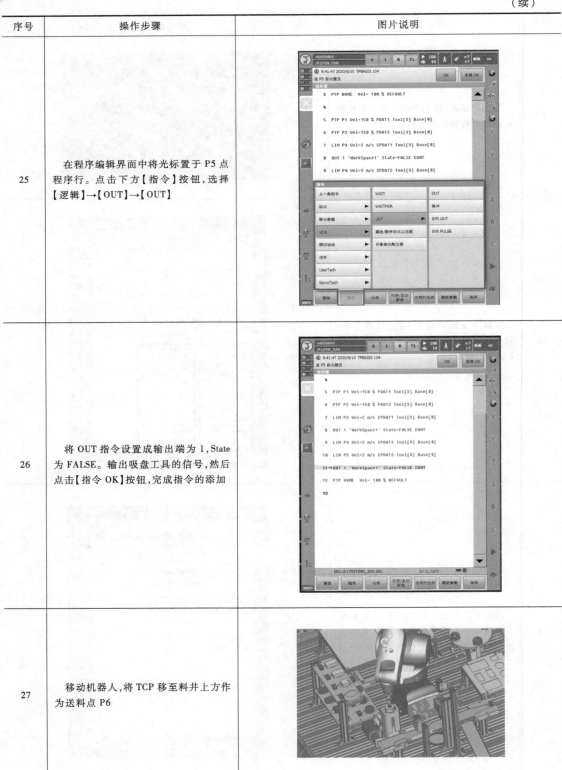
26	将 OUT 指令设置成输出端为 1,State 为 FALSE。输出吸盘工具的信号,然后点击【指令 OK】按钮,完成指令的添加	
27	移动机器人,将 TCP 移至料井上方作为送料点 P6	

（续）

序号	操作步骤	图片说明
28	在程序编辑器界面上，将光标置于 DO101 程序行。点击下方【指令】按钮，选择【运动】→【LIN】	
29	对指令联机表单不做更改，工具坐标系和基坐标系沿用上次的设置，直接点击【指令 OK】按钮，完成指令的添加	
30	在程序编辑界面中将光标置于 P6 点程序行。点击下方【指令】按钮，选择【逻辑】→【OUT】→【OUT】	

Industrial Robot

5

（续）

序号	操作步骤	图片说明
31	将 OUT 指令设置成输出端为 1, State 为 FALSE。输出吸盘工具的信号,然后点击【指令 OK】,完成指令的添加	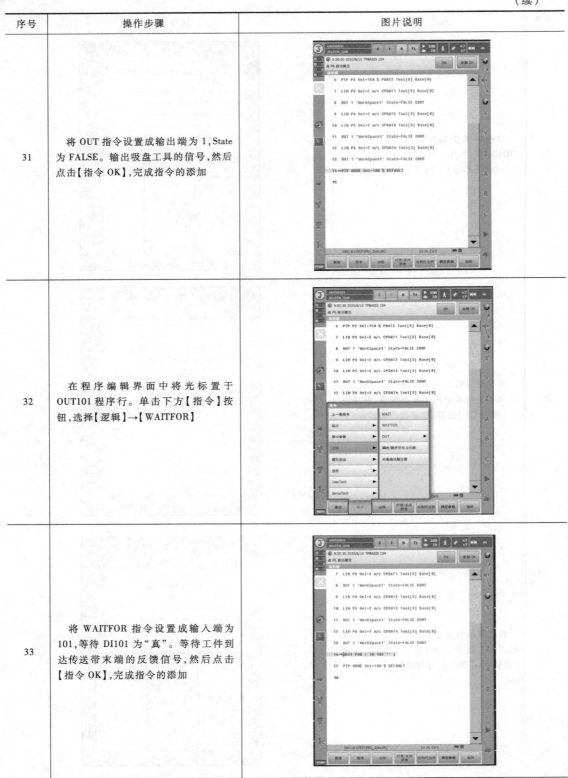
32	在程序编辑界面中将光标置于 OUT101 程序行。单击下方【指令】按钮,选择【逻辑】→【WAITFOR】	
33	将 WAITFOR 指令设置成输入端为 101,等待 DI101 为"真"。等待工件到达传送带末端的反馈信号,然后点击【指令 OK】,完成指令的添加	

（续）

序号	操作步骤	图片说明
34	移动机器人,将 TCP 移至传送带末端白色圆形物料上方作为准备抓取点 P7	
35	在程序编辑器界面上,将光标置于 WAITFOR 程序行。点击下方【指令】按钮,选择【运动】→【LIN】	
36	对指令联机表单不做更改,工具坐标系和基坐标系沿用上次的设置,直接点击【指令 OK】按钮,完成指令的添加	

序号	操作步骤	图片说明
37	移动机器人，将 TCP 移至传送带末端白色圆形物料处作为抓取点 P8	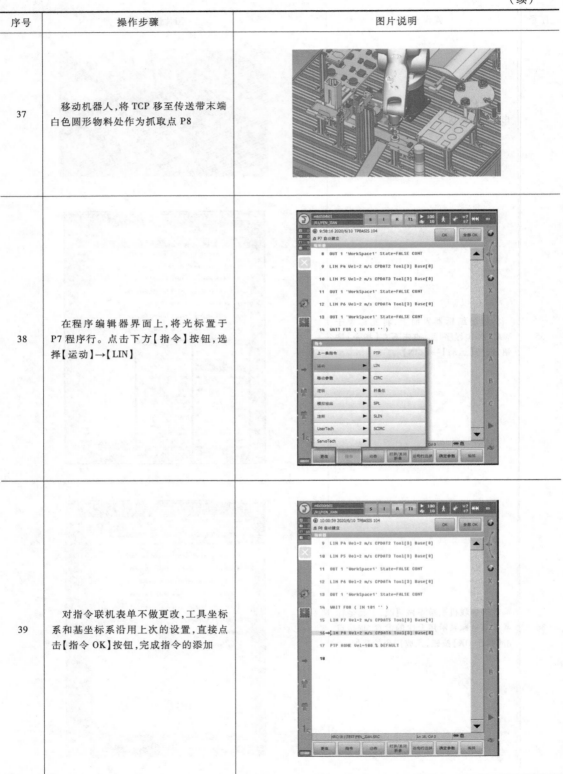
38	在程序编辑器界面上，将光标置于 P7 程序行。点击下方【指令】按钮，选择【运动】→【LIN】	
39	对指令联机表单不做更改，工具坐标系和基坐标系沿用上次的设置，直接点击【指令 OK】按钮，完成指令的添加	

（续）

序号	操作步骤	图片说明
40	在程序编辑界面中将光标置于 P8 点程序行。点击下方【指令】按钮，选择【逻辑】→【OUT】→【OUT】	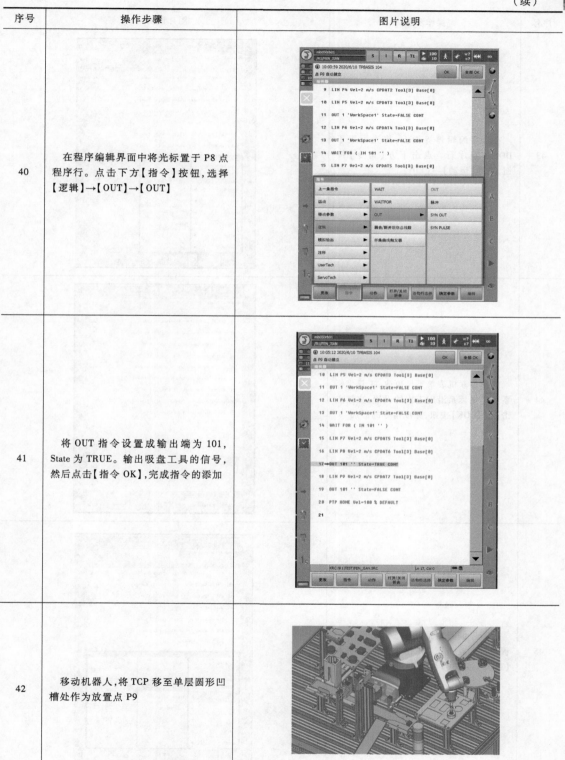
41	将 OUT 指令设置成输出端为 101，State 为 TRUE。输出吸盘工具的信号，然后点击【指令 OK】，完成指令的添加	
42	移动机器人，将 TCP 移至单层圆形凹槽处作为放置点 P9	

Industrial Robot

（续）

序号	操作步骤	图片说明
43	在程序编辑器界面上，将光标置于 DO101 程序行。点击下方【指令】按钮，选择【运动】→【LIN】	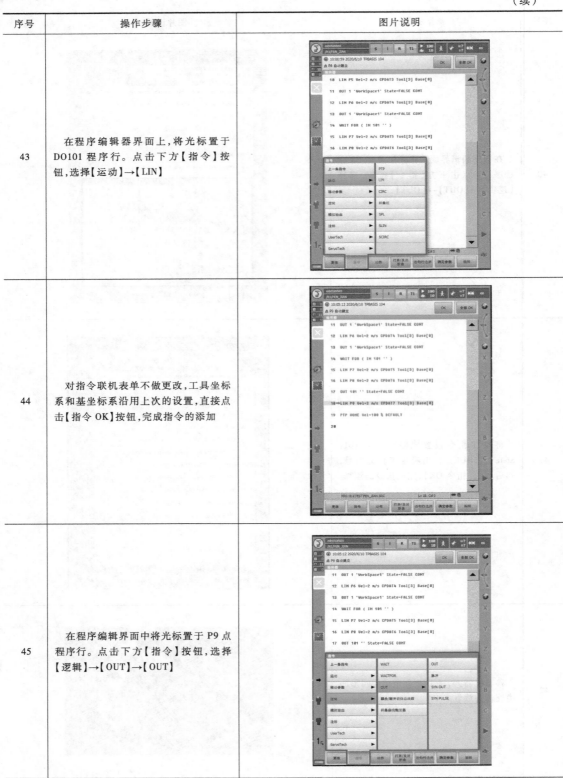
44	对指令联机表单不做更改，工具坐标系和基坐标系沿用上次的设置，直接点击【指令 OK】按钮，完成指令的添加	
45	在程序编辑界面中将光标置于 P9 点程序行。点击下方【指令】按钮，选择【逻辑】→【OUT】→【OUT】	

（续）

序号	操作步骤	图片说明
46	将 OUT 指令设置成输出端为 101，State 为 TRUE。输出吸盘工具的信号，然后点击【指令 OK】，完成指令的添加	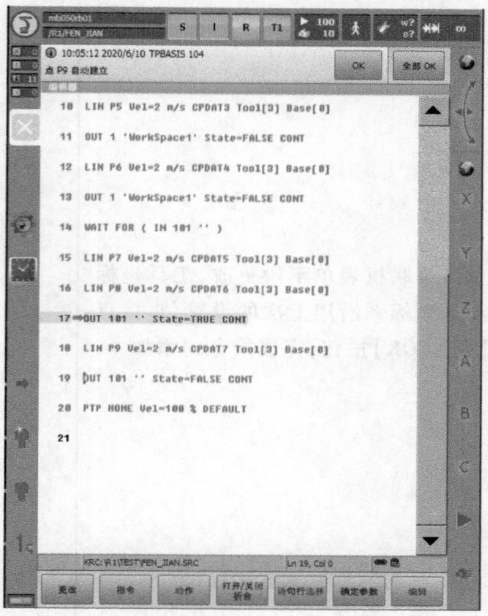
47	移动机器人，将 TCP 移至双层物料架上方一点 P10	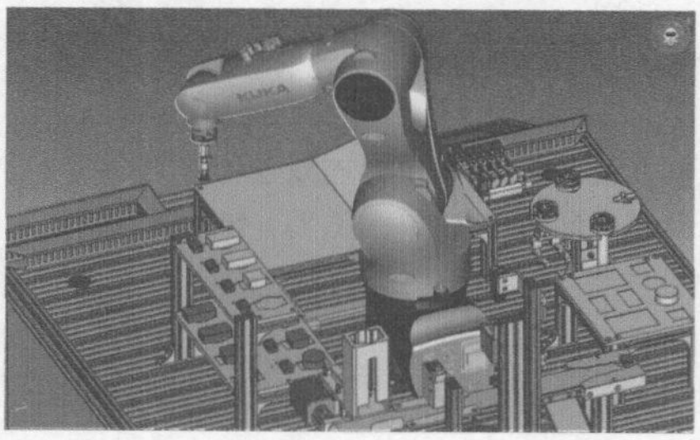
48	在程序编辑器界面上，将光标置于 DO101 程序行。单击下方【指令】按钮，选择【运动】→【LIN】	

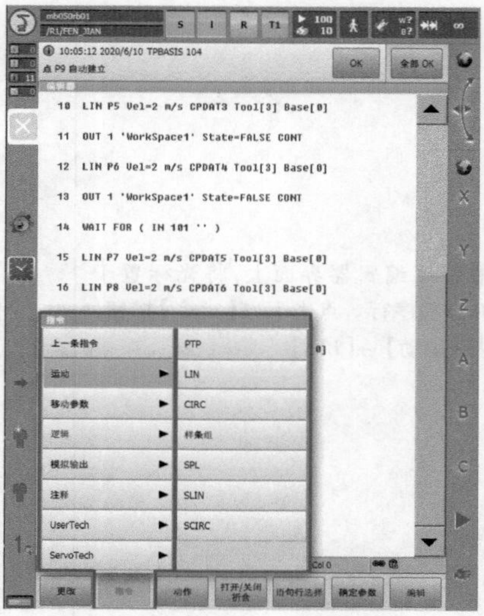

Industrial Robot

（续）

序号	操作步骤	图片说明
49	对指令联机表单不做更改，工具坐标系和基坐标系沿用上次的设置，直接点击【指令 OK】按钮，完成指令的添加	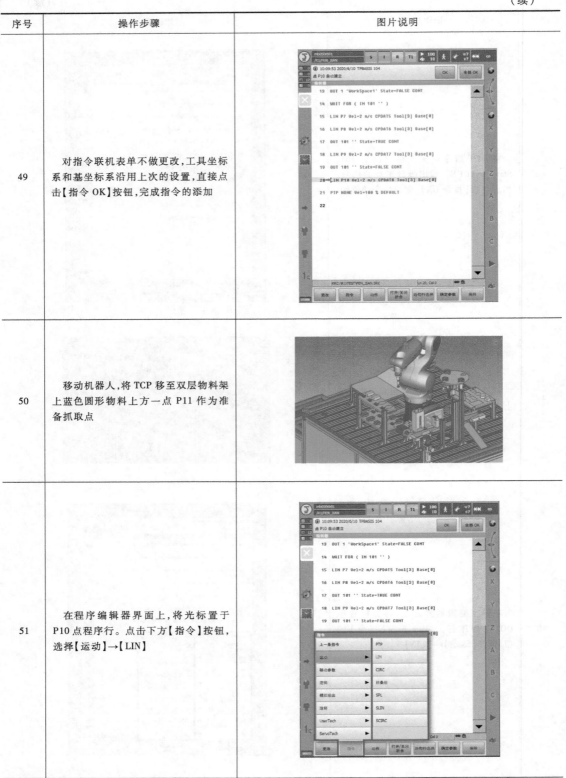
50	移动机器人，将 TCP 移至双层物料架上蓝色圆形物料上方一点 P11 作为准备抓取点	
51	在程序编辑器界面上，将光标置于 P10 点程序行。点击下方【指令】按钮，选择【运动】→【LIN】	

（续）

序号	操作步骤	图片说明
52	对指令联机表单不做更改，工具坐标系和基坐标系沿用上次的设置，直接点击【指令 OK】按钮，完成指令的添加	
53	移动机器人，将 TCP 移至双层物料架上蓝色圆形物料 P12 点处作为抓取点	
54	在程序编辑器界面上，将光标置于P11 点程序行。点击下方【指令】按钮，选择【运动】→【LIN】	

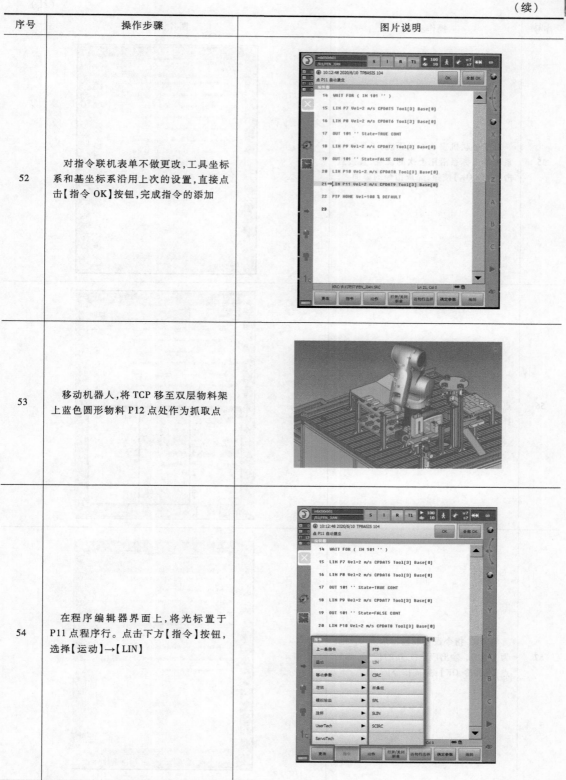

（续）

序号	操作步骤	图片说明
55	对指令联机表单不做更改，工具坐标系和基坐标系沿用上次的设置，直接点击【指令OK】按钮，完成指令的添加	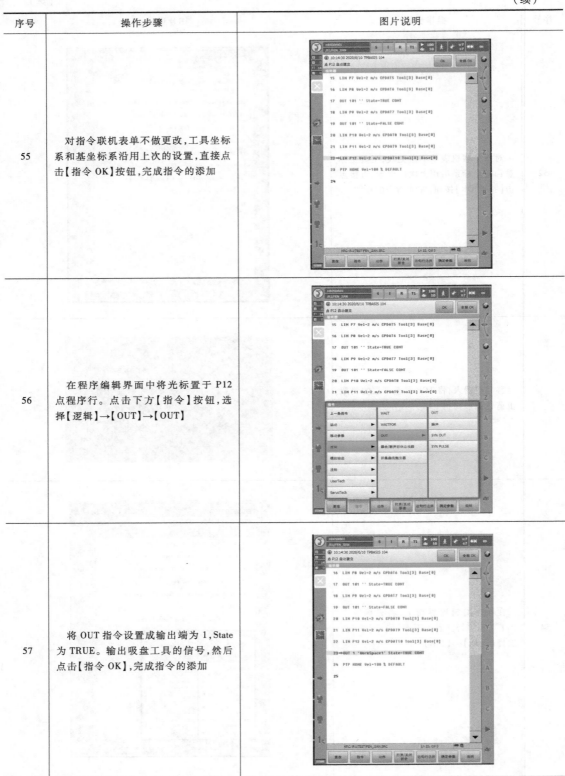
56	在程序编辑界面中将光标置于P12点程序行。点击下方【指令】按钮，选择【逻辑】→【OUT】→【OUT】	
57	将OUT指令设置成输出端为1，State为TRUE。输出吸盘工具的信号，然后点击【指令OK】，完成指令的添加	

（续）

序号	操作步骤	图片说明
58	移动机器人，将 TCP 移至料井上方合适的位置 P13 点处作为放置点	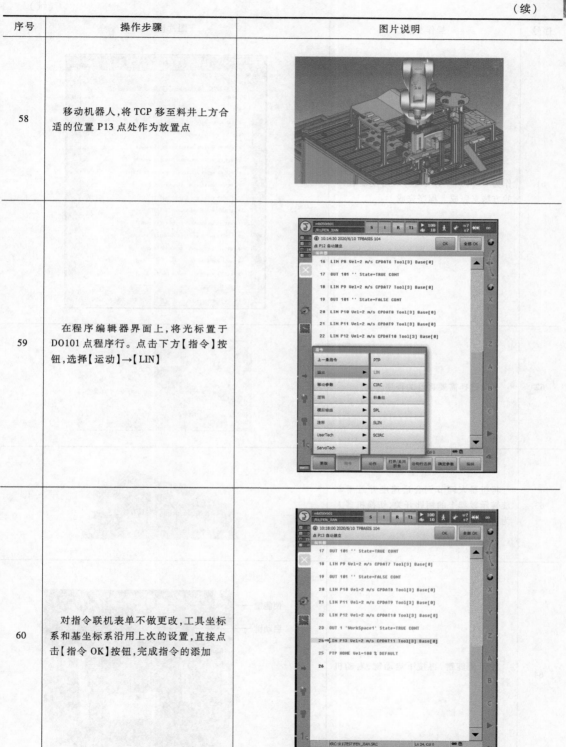
59	在程序编辑器界面上，将光标置于 DO101 点程序行。点击下方【指令】按钮，选择【运动】→【LIN】	
60	对指令联机表单不做更改，工具坐标系和基坐标系沿用上次的设置，直接点击【指令 OK】按钮，完成指令的添加	

（续）

序号	操作步骤	图片说明
61	接下来机器人需要回到 P1 点位置，作为 P14 点，不用示教，采用复制程序的方法来完成。程序完成	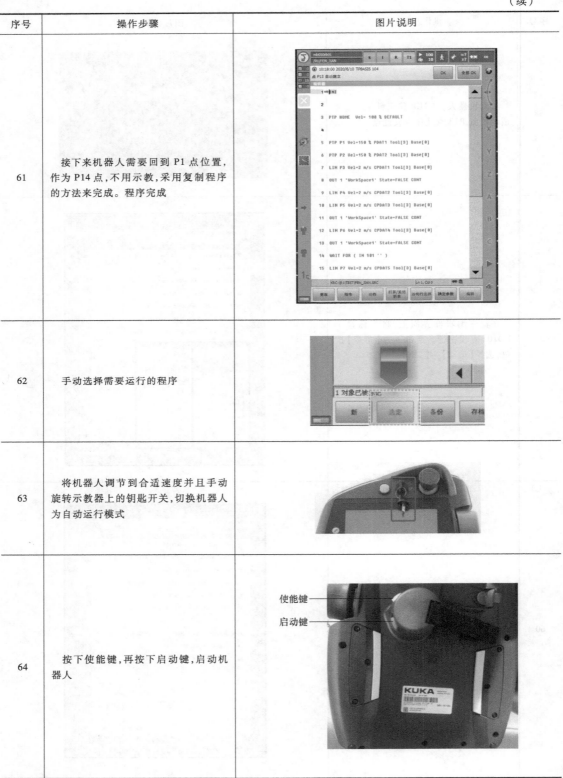
62	手动选择需要运行的程序	
63	将机器人调节到合适速度并且手动旋转示教器上的钥匙开关，切换机器人为自动运行模式	
64	按下使能键，再按下启动键，启动机器人	

三、逻辑主程序

```
DEF MY_PROG
DECL BOOL    error SIN[101]              ! 定义变量
DECL BOOL    error SIN[103]              ! 定义变量
DECL BOOL    error SIN[104]              ! 定义变量
DECL BOOL    error SIN[105]              ! 定义变量
……
INT
……
IF SIN[101 = ON]THEN                     ! 如果物料到位,则执行以下
IF SIN[103 = ON]THEN                     ! 如果物料为正方形,则执行以下
ZHENGFANGXING
END IF
……
IF SIN[104 = ON]THEN THEN                ! 如果物料为长方形,则执行以下
CHANGFANGXING
END IF
……
IF SIN[105 = ON]THEN THEN                ! 如果物料为圆形,则执行以下
YUANXING
END IF
END IF                                   ! 结束循环
……
END
```

5.4.3　系统管理维护

1. KUKA 机器人标准保养维护

KUKA 机器人正常运行 10000h 后或每 3 年后,其功能性组件(包括润滑油)的性能由于磨损、老化、腐蚀等因素而逐渐降低,需要对 KUKA 机器人做一次全面预防性保养,包括清洁、机器人电池更换、机器人润滑油更换等。

视觉系统
管理维护

对 KUKA 机器人进行定期保养可排除因机器人长期运行、环境等因素引发故障的隐患,减小 KUKA 机器人的故障频率,降低运行费用,提升保养的方便性,提高利用率,延长 KUKA 机器人的使用寿命。

KUKA 机器人标准保养维护项目包括 KUKA 机器人本体保养和 KUKA 控制柜保养。

2. KUKA 机器人本体保养

1)检查机器人各轴功能:自动/手动运行是否平稳,有无异响,电动机制动是否正常。

2)检查机器人各轴电动机状态:接线是否牢固,状态是否平稳。

3)检查各轴齿轮箱密封状态:是否漏油、渗油,齿轮箱状态是否良好。

4)更换齿轮箱润滑油。

5）检查 KUKA 机器人电缆状态，包括信号电缆、动力电缆、用户电缆、底电缆及立臂电缆。

6）检查各接线端子是否固定良好。

7）检查机器人本体的底座是否固定良好。

8）检查机器人电池：更换机器人本体电池，且必须使用机器人专用电池。

9）检查 KUKA 机器人零位，对其进行零位校正，如图 5-85 所示。

10）检查机器人各轴，加润滑油脂。

11）检查机器人各轴限位挡块。

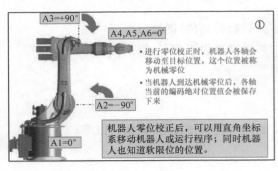

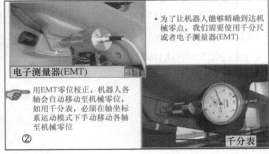

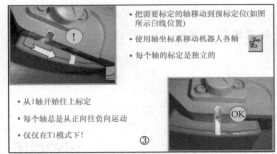

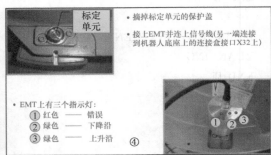

图 5-85　机器人零位校正

3. KUKA 控制柜保养

图 5-86 所示是 KUKA 机器人的两种控制器，左边的是紧凑版控制器，右边的是正常版控制器。

（1）检查机器人控制柜（图 5-87）

1）断掉控制柜的所有供电电源。

2）在操作前，戴上一个接地的静电防护装置。

3）检查柜子里有无杂物、灰尘等，检查密封性。

图 5-86　控制器

4）检查接头是否松动，电缆是否松动或者破损。

5）检查风扇是否正常。

6）优化机器人控制柜硬盘空间，确保运转空间正常。

7）检测示教器按键的有效性，急停回路是否正常，显示屏是否能正常显示，触摸功能是否正常。

8）检测机器人是否可以正常完成程序备份和重新导入功能。

图 5-87　控制柜

（2）清洁机器人控制柜

1）清洁前检查保护工作是否做好。

2）用真空吸尘器吸掉柜内的灰尘，严禁用高压的清洁器喷射。

（3）KUKA 控制柜的数据检查与备份

1）KUKA 机器人软件的检查与备份：冷启动安装软件，进行机器人数据备份。

2）KUKA 检查机器人系统参数。

学习情境6 工业机器人涂胶系统应用与系统集成

【思维导图】

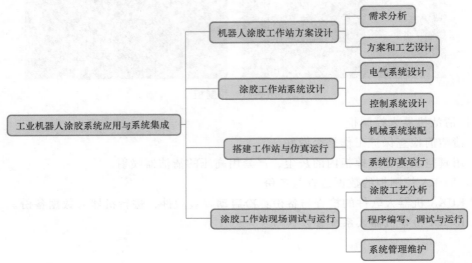

6.1 机器人涂胶工作站方案设计

6.1.1 需求分析

需求分析（涂胶）

涂胶也称施胶、点胶、灌胶和滴胶等，是将一定量的流体点在工件的合适位置上，以实现元器件之间机械或电气的可靠连接，广泛应用于电子、汽车制造等领域。

采用人工涂胶的产品质量难以保证且生产率低，随着时代发展，涂胶机器人已经代替了人工作业并取得了非常好的成绩。近年来，由于全球信息通信产业和汽车企业规模的扩大，对电子器件、汽车零部件的需求量大大增加，为了更好地适应市场经济发展的需要，涂胶机器人正向着视觉化和智能化的方向发展。

随着工业4.0时代的到来，发展智能化工业机器人是重要的趋势。对于涂胶机器人来说要提高涂胶速度、精度和安全性能等，所以，智能化涂胶机器人的设计研究具有一定的现实意义。图6-1所示

图 6-1 涂胶机器人

是涂胶机器人在进行车门涂胶工作。

现有一弧形板作为被涂胶的对象，如图 6-2 所示。其中心位置有孔，用于安装弧形板支撑件。

弧形板的尺寸（图 6-3）：长 356.82mm，宽 300.00mm，圆弧半径为 400.00mm。

需要沿着弧形板中心区域轨迹进行涂胶作业，均匀涂胶一周，如图 6-4 所示。

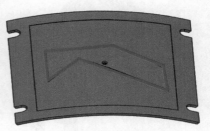

图 6-2 弧形板

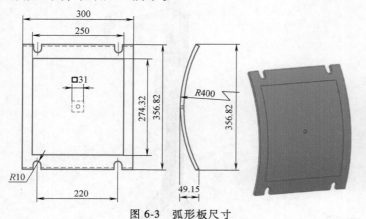

图 6-3 弧形板尺寸

图 6-4 涂胶轨迹线

6.1.2 方案和工艺设计

一、方案设计

1. 机器人的选择

本工作站采用的是 KUKA KR5-R1400 型号的机器人，机器人控制柜是 KRC4。

方案和工艺
设计（涂胶）

2. PLC 的选择

选择 SIEMENS S7-1200 PLC，CPU 型号为 1215C。

3. 夹具设计

弧形板支撑件为方柱，如图 6-5 所示，四个侧面均有定位孔，安装在弧形板的背面，用螺钉固定，方便机器人夹爪进行抓取。

弧形板与支撑件装配如图 6-6 所示。支撑件的底边长为 30mm，高度为 50mm。

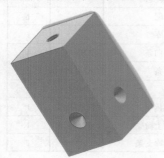

图 6-5 支撑件

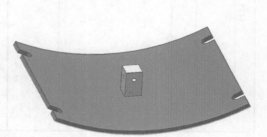

图 6-6 弧形板与支撑件装配

机器人工具采用夹爪，如图6-7所示，两侧手指上配有定位卡销，可使夹取更紧固。

4. 外部工具设计

机器人涂胶工艺与其他工艺最大的不同点在于需要一个外部参照点。由于涂胶枪需要固定在机器人外的一个位置上，可将这个位置作为外部参考点，机器人抓取工件时以该参考点为中心进行运动，该参照点就是外部TCP。

1）三维模型图：如图6-8所示，按照设计的尺寸进行绘制，最后形成装配体。

图6-7 夹爪三维模型

图6-8 外部工具库三维模型

2）二维设计：如图6-9所示，按照设计的工具库尺寸，绘制工具库的主视图和左视图并标明尺寸。

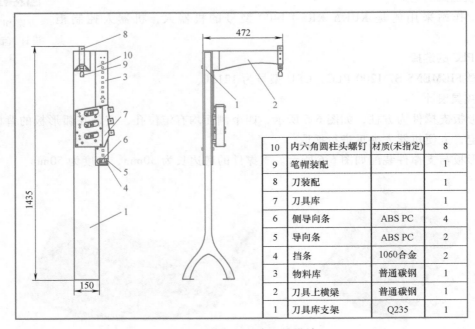

10	内六角圆柱头螺钉	材质(未指定)	8
9	笔帽装配		1
8	刀装配		1
7	刀具库		1
6	侧导向条	ABS PC	4
5	导向条	ABS PC	2
4	挡条	1060合金	2
3	物料库	普通碳钢	1
2	刀具上横梁	普通碳钢	1
1	刀具库支架	Q235	1

图6-9 外部工具库二维设计

3）实物图：将外部工具库固定在机器人旁边，如图 6-10 所示。

5. 工作站设计

机器人工作站主要包括机器人和设备两部分。其中，机器人由机器人本体和控制柜（硬件及软件）组成；设备由外部工具库、工作台、气泵、电气装置等组成。

图 6-11 所示为涂胶机器人工作站，主要包括机器人、机器人控制柜、工作台、弧形板、外部工具库、控制面板、示教器和防护屋等。

图 6-10　外部工具库实物图

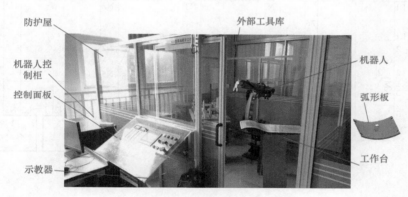

图 6-11　涂胶机器人工作站

二、工艺设计

用固定工具进行运动编程时，运动过程与标准运动相比有以下区别：

1）联机表单中的标识：在"选项窗口"的"Frames"中，"外部 TCP"项的值必须为"TRUE"，如图 6-12 所示。

2）运动速度以外部 TCP 为基准。

3）沿轨迹的姿态同样以外部 TCP 为基准。

4）不但要指定合适的基坐标系（固定工具/外部 TCP），还要指定合适的工具坐标系（机器人引导的工件），如图 6-13 所示。

图 6-12　外部 TCP

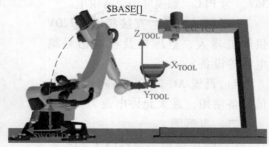

图 6-13　外部固定工具与机器人引导工件

6.2 涂胶工作站系统设计

6.2.1 电气系统设计

一、供电方案设计

主电路电源采用三线制单相 AC 220V，如图 6-14 所示。其中，L 为相线，N 为零线，PE 为地线，使用电线规格金属端面直径为 2.5mm。

电气系统设计（涂胶）

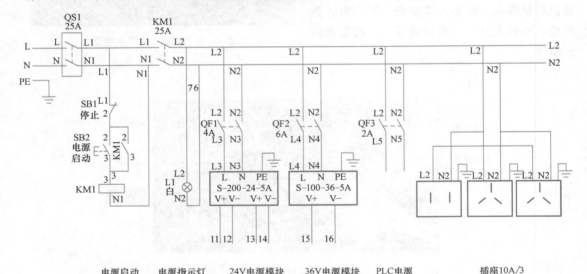

图 6-14 供电方案

1）QS1 为隔离保护开关，其最大允许电流为 25A。

2）电源启动电路采用"起保停"设计，控制主电路 KM1 的通断。

3）电源指示灯用于指示主电路是否通电。

4）24V 电源模块通过 QF1 开关与主电路相连，将 AC 220V 转换成 DC 24V，为 PLC、触摸屏等设备供电。

5）36V 电源模块通过 QF2 开关与主电路相连，将 AC 220V 转换成 DC 36V，为 PLC、触摸屏等设备供电。

6）通过 QF3，直接将 AC 220V 供给机器人、空压机及控制信号继电器等设备。

7）设置 AC 220V 插座，以便其他设备使用，最大允许电流为 10A。

二、电气图

1）图 6-15 所示是西门子 PLC 的 CPU 的 I0.0~I0.7 的输入接线，用来

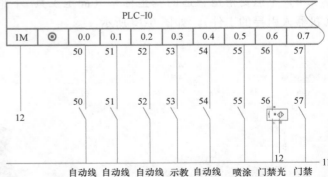

图 6-15 输入接线（1）

控制自动线启动、自动线停止、自动线复位、示教模式、自动线模式、喷涂模式、门禁光电接近以及门禁确认。

2）图 6-16 所示是西门子 PLC 的 CPU 的 I1.0~I1.5 的输入接线，用来作为备用信号。

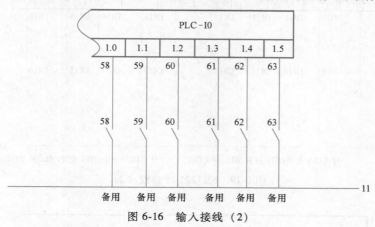

图 6-16　输入接线（2）

3）图 6-17 所示是西门子 SM1221 数字量输入模块。SM1221 数字量输入信号模块将过程中的外部数字信号电平转换为 S7-1200 的内部信号电平。其优点是能为 CPU 的本机 I/O 提供更多的数字量输入，可使控制器灵活地满足相关任务的要求，可使用附加输入对系统进行后续扩展。

4）图 6-18 所示是 SM1221 数字量输入模板的 I4 接线。其中，1M 的 DI0~DI3、2M 的 DI4~DI7 分别作为开关 DI1~DI8。

5）图 6-19 所示是西门子 SM1221 数字量输入模板的 I5 接线。其中，3M 的 DI0~DI3、4M 的 DI4~DI7 分别作为开关 DI9~DI16。

6）图 6-20 所示是西门子 PLC 的 CPU 的 Q0.0~Q0.6 的输出接线，用来控制电动机脉冲信号、电动机方向信号、基本操作指示灯、自动线指示灯及喷涂指示灯。

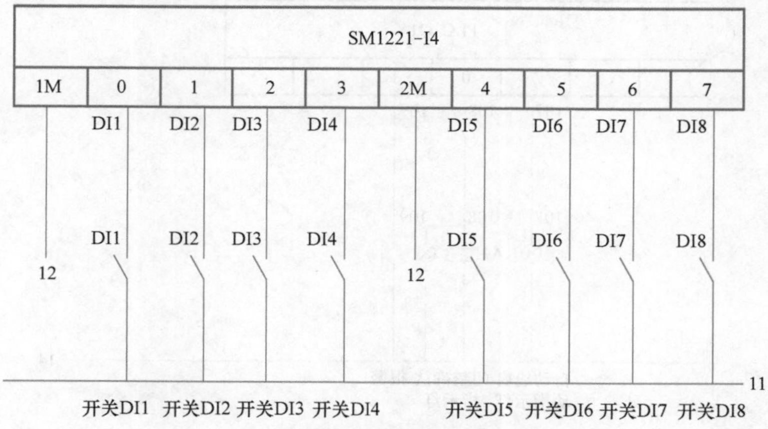

图 6-17　SM1221 数字量输入模块

图 6-18　SM1221-I4 接线（1）

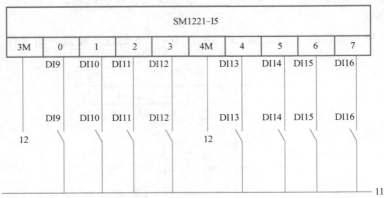

图 6-19　SM1221-I5 接线（2）

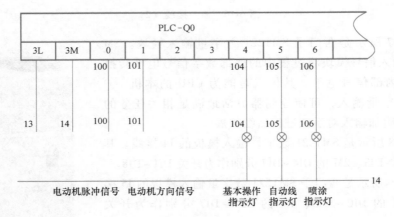

图 6-20　输出接线（1）

7）图 6-21 所示是西门子 PLC 的 CPU 的 Q0.7~Q1.1 的输出接线，用来控制自动线启动指示灯、门禁确认指示灯和报警。

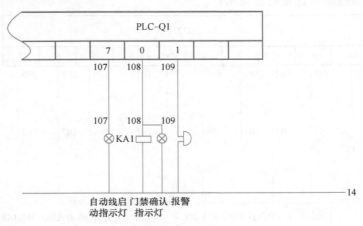

图 6-21　输出接线（2）

8）图 6-22 所示是西门子 SM1222 数字量输出模块。SM1222 数字量输出信号模块将过程中的 S7-1200 的内部信号电平转换为外部数字信号电平。其优点是可为 CPU 的本机 I/O 提供更多的数字量输出，可使控制器灵活地满足相关任务的要求，可使用附加输出对系统进行后续扩展。

9）图 6-23 所示是 SM1222 数字量输出模板的 Q2 接线。其中，输出 Q2.0~Q2.7 分别作为指示灯 DO1~DO8 信号。

10）图 6-24 所示是西门子 SM1222 数字量输出模板的 Q3 接线。其中，输出 Q3.0~Q3.7 分别作为指示灯 DO9~DO16 信号。

11）图 6-25 所示是西门子 SM1222 数字量输出模板的 Q4 接线。其中，Q4.0 作为三色灯的黄灯信号，Q4.1 作为三色灯的绿灯信号，Q4.2 作为三色灯的红灯信号。

图 6-22 SM1222 数字量输出模块

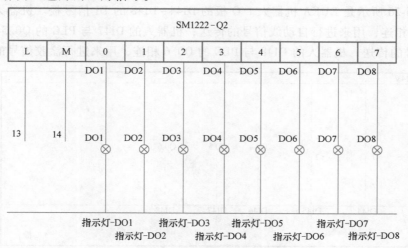

图 6-23 SM1222-Q2 接线 （1）

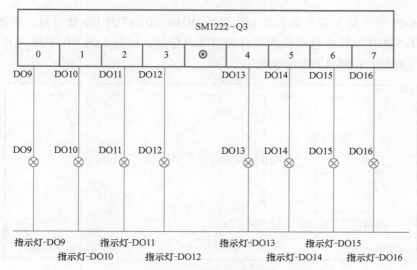

图 6-24 SM1222-Q3 接线 （2）

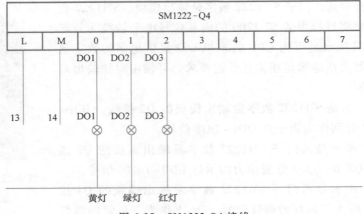

图 6-25　SM1222-Q4 接线

12）图 6-26 所示是 KUKA 机器人 I/O 板的 DI44~DI48 的 DI 信号板。机器人的 DI46 与 PLC 的 Q0.4 相连，用来进行自动线信号的传送；机器人的 DI47 与 PLC 的 Q0.5 相连，用来进行示教信号的传送；机器人的 DI48 与 PLC 的 Q0.6 相连，用来进行涂胶信号的传送。

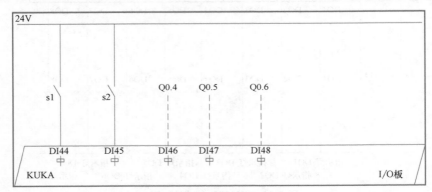

图 6-26　DI 信号板

13）图 6-27 所示是 KUKA 机器人 I/O 板的 DO46、DO47 的 DO 信号板。机器人的 DO46 与 PLC 的 I31.5 相连，用来进行机器人自动信号的传送；机器人的 DO47 与 PLC 的 I31.6 相连，用来进行机器人外部自动信号的传送。

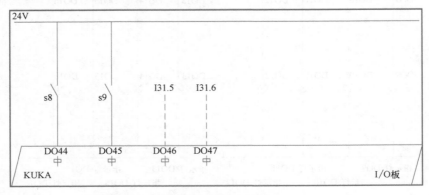

图 6-27　DO 信号板

6.2.2 控制系统设计

控制系统（涂胶）

一、涂胶工艺流程

涂胶工艺流程是指在涂胶过程中，设备操作者利用机器人、气动装置和弧形板等设备按照设计的涂胶轨迹连续进行工作，最终完成涂胶的方法与过程，如图 6-28 所示。

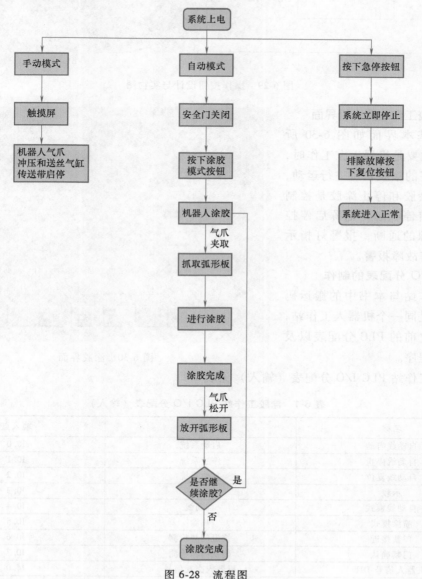

图 6-28 流程图

二、操作按钮和人机界面

1. 操作按钮

涂胶工作站的操作按钮是一种常用的控制电器元件，常用来接通或断开控制电路，从而实现控制机器人启停或其他气动设备运行的开关，如图 6-29 所示。

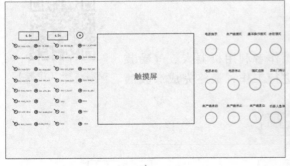 

a)　　　　　　　　　　　　　　　　b)

图 6-29　操作按钮设计与实物图

2. 涂胶工作站的人机界面

涂胶基本界面如图 6-30 所示。涂胶主要是机器人在工作时，沿着设定好的涂胶轨迹进行运动，所以启动涂胶和停止涂胶是控制机器人的启停状态，电源启停控制工作电源的通断，报警灯指示系统是否有故障报警。

三、I/O 分配表的制作

此工作站与本书中的搬运码垛工作站是同一个机器人工作站，所以沿用之前的 PLC 分配表以及 PLC 控制程序。

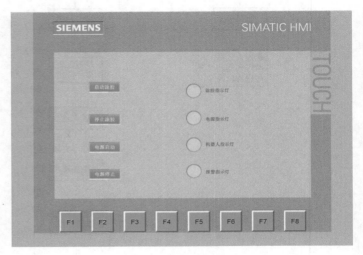

图 6-30　涂胶界面

涂胶工作站 PLC I/O 分配表（输入）见表 6-1。

表 6-1　涂胶工作站 PLC I/O 分配表（输入）

名称	作用	输入点
自动线启动	启动系统	I0.0
自动线停止	停止系统	I0.1
自动线复位	复位系统	I0.2
示教	示教	I0.3
自动线模式	自动线	I0.4
喷涂模式	喷涂	I0.5
门禁接近	接近门禁检测	I0.6
门禁确认	确认门禁检测	I0.7
机器人信号-DI1	机器人交互信号	I4.0
机器人信号-DI2	机器人交互信号	I4.1
机器人信号-DI3	机器人交互信号	I4.2
机器人信号-DI4	机器人交互信号	I4.3
机器人信号-DI5	机器人交互信号	I4.4
机器人信号-DI6	机器人交互信号	I4.5
机器人信号-DI7	机器人交互信号	I4.6

（续）

名称	作用	输入点
机器人信号-DI8	机器人交互信号	I4.7
机器人信号-DI9	机器人交互信号	I5.0
机器人信号-DI10	机器人交互信号	I5.1
机器人信号-DI11	机器人交互信号	I5.2
机器人信号-DI12	机器人交互信号	I5.3
机器人信号-DI13	机器人交互信号	I5.4
机器人信号-DI14	机器人交互信号	I5.5
机器人信号-DI15	机器人交互信号	I5.6
机器人信号-DI16	机器人交互信号	I5.7
机器人自动模式	机器人自动	I31.5
机器人外部自动模式	机器人外部自动	I31.6
安全区检测	检测安全区（门禁开关）	I31.7

涂胶工作站 PLC I/O 分配表（输出）见表 6-2。

表 6-2　涂胶工作站 PLC I/O 分配表（输出）

名称	作用	输出点
备用	备用	Q0.3
自动线指示灯	自动线指示	Q0.4
示教指示灯	示教指示	Q0.5
喷涂指示灯	喷涂指示	Q0.6
门禁确认指示灯	门禁确认指示	Q1.0
报警	系统报警	Q1.1
机器人信号 DO1	机器人交互信号	Q2.0
机器人信号 DO2	机器人交互信号	Q2.1
机器人信号 DO3	机器人交互信号	Q2.2
机器人信号 DO4	机器人交互信号	Q2.3
机器人信号 DO5	机器人交互信号	Q2.4
机器人信号 DO6	机器人交互信号	Q2.5
机器人信号 DO7	机器人交互信号	Q2.6
机器人信号 DO8	机器人交互信号	Q2.7
机器人信号 DO9	机器人交互信号	Q3.0
机器人信号 DO10	机器人交互信号	Q3.1
机器人信号 DO11	机器人交互信号	Q3.2
机器人信号 DO12	机器人交互信号	Q3.3
机器人信号 DO13	机器人交互信号	Q3.4
机器人信号 DO14	机器人交互信号	Q3.5
机器人信号 DO15	机器人交互信号	Q3.6
机器人信号 DO16	机器人交互信号	Q3.7
三色灯黄灯	黄灯	Q4.0
三色灯绿灯	绿灯	Q4.1
三色灯红灯	红灯	Q4.2

四、PLC 程序

涂胶工作站使用西门子 S7-1200 型号的 PLC，采用梯形图编程语言来编程。下面对主要

Industrial Robot

6

的 PLC 程序段进行介绍。

1. Main 主程序

主程序包含控制输出、通信、初始化、步进电动机和自动线五个子程序，其余程序段用于控制指示灯的亮灭。

（1）主程序对"控制输出"子程序的逻辑控制　如图 6-31 所示，有如下三种情况可以触发"控制输出"子程序：

① 由"自动线输入"的常开触点 I0.4 和"喷涂"的常闭触点 I0.5 串联，表示当 I0.4 按钮按下并且 I0.5 按钮不按下就可以使"控制输出"子程序得电。

② 由"喷涂"的常开触点 I0.5 和"自动线输入"的常闭触点 I0.4 串联，表示当 I0.5 按钮按下并且 I0.4 按钮不按下就可以使"控制输出"子程序得电。

③ 由"自动线输入"的常闭触点 I0.4 和"喷涂"的常闭触点 I0.5 串联，表示当 I0.4 和 I0.5 按钮都不按下就可以使"控制输出"子程序得电。

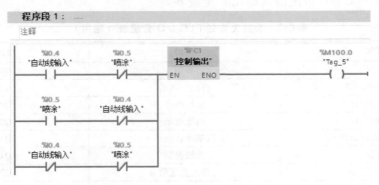

图 6-31　"控制输出"子程序

（2）主程序对"通信"子程序的逻辑控制　如图 6-32 所示，有如下三种情况可以触发"通信"子程序：

① 由"自动线输入"的常开触点 I0.4 和"喷涂"的常闭触点 I0.5 串联，表示当 I0.4 按钮按下并且 I0.5 按钮不按下就可以使"通信"子程序得电。

② 由"喷涂"的常开触点 I0.5 和"自动线输入"的常闭触点 I0.4 串联，表示当 I0.5 按钮按下并且 I0.4 按钮不按下就可以使"通信"子程序得电。

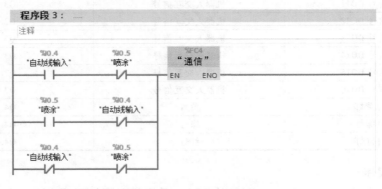

图 6-32　"通信"子程序

③ 由"自动线输入"的常闭触点 I0.4 和"喷涂"的常闭触点 I0.5 串联，表示当 I0.4 和 I0.5 按钮都不按下就可以使"通信"子程序得电。

（3）主程序对"步进电动机"子程序的逻辑控制　如图 6-33 所示，有如下三种情况可以触发"步进电动机"子程序：

① 由"自动线输入"的常开触点 I0.4 和"喷涂"的常闭触点 I0.5 串联，表示当 I0.4 按钮按下并且 I0.5 按钮不按下就可以使"步进电动机"子程序得电。

② 由"喷涂"的常开触点 I0.5 和"自动线输入"的常闭触点 I0.4 串联，表示当 I0.5 按钮按下并且 I0.4 按钮不按下就可以使"步进电动机"子程序得电。

③ 由"自动线输入"的常闭触点 I0.4 和"喷涂"的常闭触点 I0.5 串联，表示当 I0.4 和 I0.5 按钮都不按下就可以使"步进电动机"子程序得电。

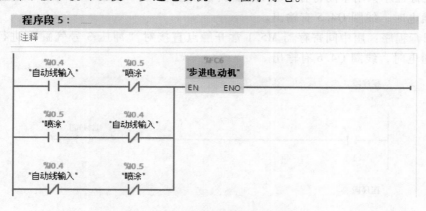

图 6-33 "步进电动机"子程序

2. "控制输出"子程序

（1）子程序对防护门的逻辑控制　图 6-34 所示是用逻辑关系来控制自动线启动指示灯和门禁确认指示灯。

① 第一行程序：用中间寄存器 M3.0 直接对"自动线启动指示灯"进行控制，即 M3.0

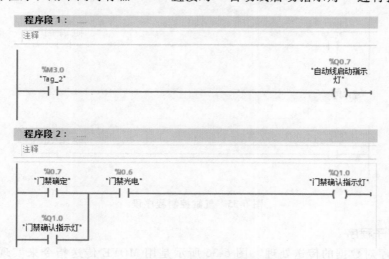

图 6-34 防护门程序段

触点通电时，线圈 Q0.7 有输出。

② 第二行程序：当门禁光电传感器检测到防护门时，I0.6 有输入，此时按下"门禁确定"I0.7 按钮可以实现"门禁确认指示灯"Q1.0 得电并且自锁；当门禁光电传感器没有检测到防护门时，I0.6 无输入，自锁停止，"门禁确认指示灯"线圈无输出。

（2）子程序对气缸的逻辑控制　图 6-35 所示是用逻辑关系来控制送料气缸和冲压气缸。

① 第一行程序：用中间寄存器 M3.3 常开触点直接对"送料气缸"进行控制，即 M3.3 触点通电时，线圈 Q4.3 有输出。

② 第二行程序：用中间寄存器 M4.1 常开触点直接对"冲压 1 号气缸"进行控制，即 M4.1 触点通电时，线圈 Q4.4 有输出。

③ 第三行程序：用中间寄存器 M4.5 常开触点直接对"冲压 2 号气缸"进行控制，即 M4.5 触点通电时，线圈 Q4.5 有输出。

④ 第四行程序：用中间寄存器 M5.1 常开触点直接对"冲压 3 号气缸"进行控制，即 M5.1 触点通电时，线圈 Q4.6 有输出。

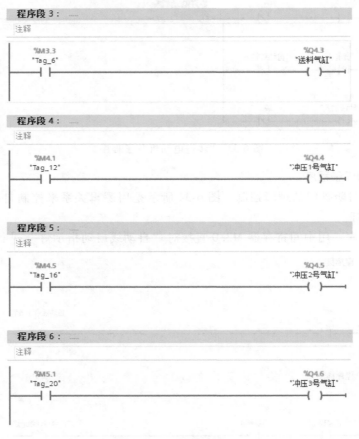

图 6-35　气缸控制程序段

3."通信"子程序

（1）子程序对数据的传送处理　图 6-36 所示是用 MOVE 传送指令来实现数据的传送。图中的三行程序段分别将%IB 数据转换成%QB 和%MB 数据。

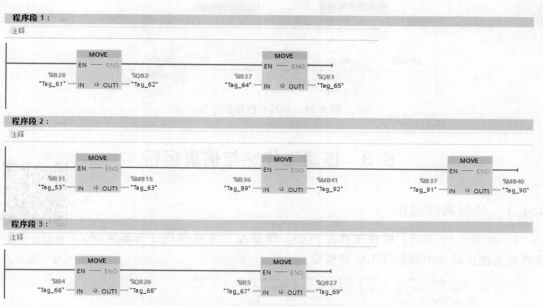

图 6-36　数据的传送程序段

（2）子程序对检测输入信号和指示灯输出信号的数据处理　图 6-37 所示是用 M 中间寄存器来进行数据的通信。

① 第一行程序：用"皮带光电"常开触点 I2.3 控制 M16.0 线圈得电实现信号的通信。

② 第二行程序：用"冲压完成后检测"常开触点 I3.3 控制 M16.1 线圈得电实现信号的通信。

③ 第三行程序：用"自动线指示灯"常开触点 Q0.4 控制 M16.5 线圈得电实现信号的通信。

④ 第四行程序：用"示教指示灯"常开触点 Q0.5 控制 M16.6 线圈得电实现信号的通信。

⑤ 第五行程序：用"喷涂指示灯"常开触点 Q0.6 控制 M16.7 线圈得电实现信号的通信。

4. "初始化"子程序

图 6-38 所示是用 MOVE 传送指令来实现初始化。图中程序是用"自动线复位"常开触点 I0.2 使数据%MD3 和%MD5 赋值为 0。

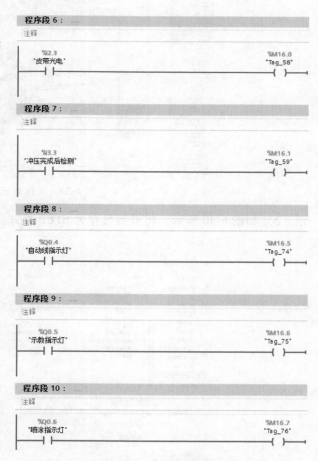

图 6-37　M 寄存器程序段

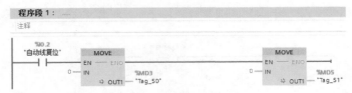

图 6-38　MOVE 传送程序段

6.3　搭建工作站与仿真运行

机械系统装配（涂胶）

6.3.1　机械系统装配

1）如图 6-39 所示，搭建工作站模型。需要在三维建模软件 SolidWorks 或者其他建模软件中设计好工作站模型。

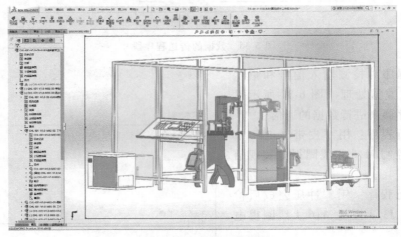

图 6-39　工作站三维模型

2）如图 6-40 所示，将模型另存为 STEP 格式。

图 6-40　将模型另存为 STEP 格式

3）如图 6-41 所示，打开仿真软件，单击【新建】。

图 6-41　新建界面

4）如图 6-42 所示，在"场景搭建"中单击【输入】，将保存后的模型文件导入进来，如图 6-43 所示。

图 6-42　导入按钮

图 6-43　导入模型

5）如图 6-44 所示，将工作站导入界面。

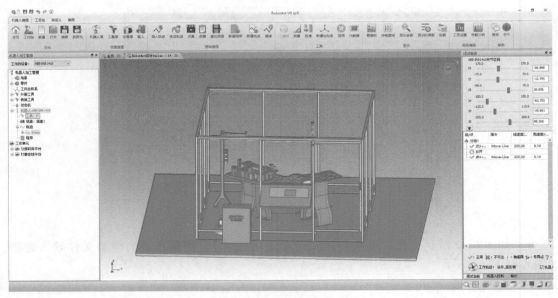

图 6-44　导入完成

6）如图 6-45 和图 6-46 所示，机器人和工具可以从机器人库和工具库下载（下载的夹爪自带 TCP 坐标系）。

7）如图 6-47 所示，下载的夹爪工具会自动安装在机器人上，工作站搭建完成。

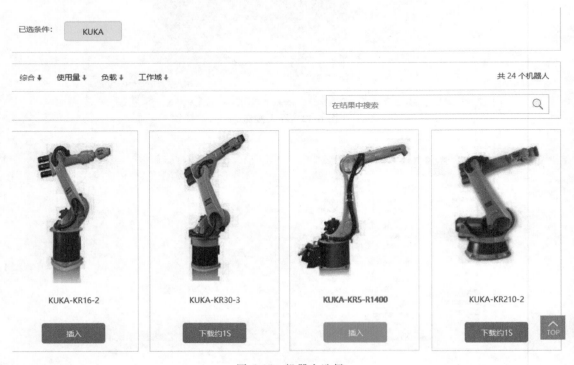

图 6-45　机器人选择

电主轴
插入

数控加工工具-2200W
下载约1S

夹具
插入

喷涂喷枪
下载约1S

图 6-46　工具选择

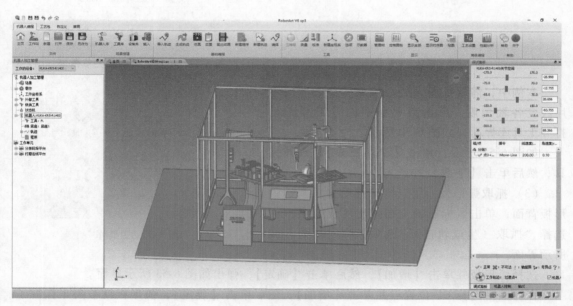

图 6-47　工作站搭建完成

6.3.2　系统仿真运行

一、抓取弧形板

（1）插入机器人工作原点　在机器人工作前先插入一个工作原点，即 Home 点。工作站搭建好后，保持机器人姿态不动，在机器人加工管理面板上选中法兰工具，接着选择法兰工具右键菜单中的【插入 POS 点（Move-Ab-sJoint）】，如图 6-48 所示。

（2）安装夹爪工具　安装工具前，首先让机器人运动到一个合理的位置和姿态（以避免发生碰撞为准）。

系统运行仿真（涂胶）

如图 6-49 所示，可通过调试面板上的滑块来改变机器人各轴的关节角度值。

图 6-48　插入 POS 点

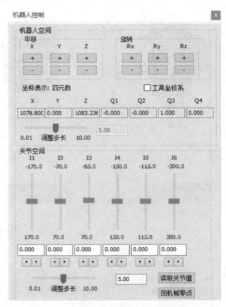

图 6-49　机器人各轴的关节角度

本例中，需要机器人处在机械零位，所以不用改变各轴角度。单击菜单栏中的【工具库】，打开工具库界面，如图 6-50 所示。

如图 6-51 所示，单击【法兰工具】，选择夹具，然后单击【下载】并插入。

（3）抓取弧形板　用三维球移动夹爪到达弧形板背面，单击鼠标右键，在弹出的快捷菜单中选择"抓取（生成轨迹）"选项，弹出如图 6-52 所示界面。

图 6-50　工具库

选择弧形板并单击【增加】，然后单击【确定】，弹出如图 6-53 所示界面。

在界面中选择 CP 位置点并单击【增加】，然后单击【确定】，弧形板就被夹爪抓取了，如图 6-54 所示。

二、生成轨迹——曲线特征

1. 生成轨迹

【生成轨迹】工具位于"机器人编程"选项卡的"基础编程"工具栏中，如图 6-55 所示。

生成轨迹的实现可利用 RobotArt 支持的七种轨迹生成方式，如图 6-56 所示。

2. 曲线特征

因为弧形板表面上的轨迹弯折拐点较多，所以曲线特征更适合轨迹的生成。如图 6-57 所示，生成轨迹类型选择"曲线特征"。

如图 6-58 所示，因为是外部 TCP 运动，所以使用的工具应该选择外部工具库上的，关联 TCP 点还是选择 TCP。

选择工具

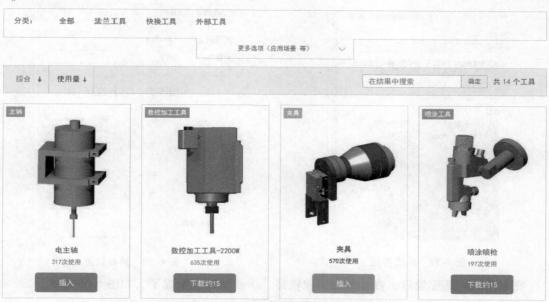

图 6-51　插入工具

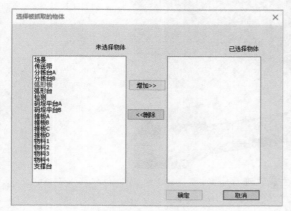

图 6-52　抓取

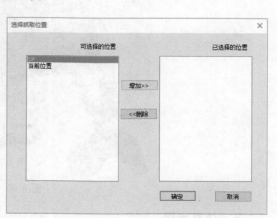

图 6-53　抓取 CP 点

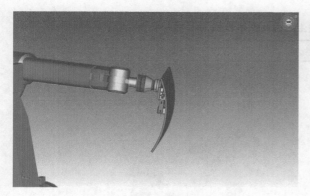

图 6-54　抓取弧形板

图 6-55　【生成轨迹】工具

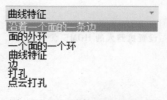

图 6-56　七种轨迹生成方式

如图 6-59 所示，选择曲面上的轨迹线并选择线所在的面。

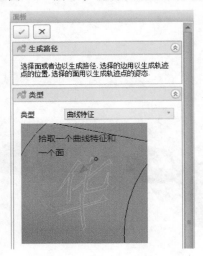

图 6-57　曲线特征

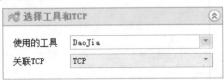

图 6-58　TCP 选择

图 6-59　捕捉轨迹

完成曲线特征配置后，直接单击生成轨迹，涂胶轨迹就生成了，如图 6-60 所示。

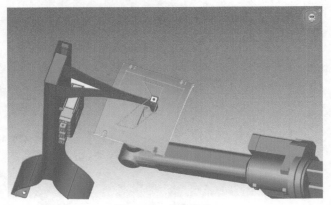

图 6-60　生成轨迹

三、仿真步骤

轨迹生成仿真操作步骤见表 6-3。

表 6-3　轨迹生成仿真操作步骤

序号	操作步骤	图片说明
1	设置机器人的 HOME 点	

（续）

序号	操作步骤	图片说明
2	抓取弧形板	
3	选择外部 TCP，并作出轨迹	
4	放回弧形板	
5	回到 HOME 点	

6.4 涂胶工作站现场调试与运行

6.4.1 涂胶工艺分析

涂胶工艺分析

一、涂胶简介

定义：将胶浆（包括溶剂胶浆、胶乳和水胶浆）均匀地涂覆到织物表面上的工艺。

涂胶方法：刮涂、辊涂、浸涂和喷涂。

二、注意事项

1）当制造很薄的胶布（0.15mm 以内），而又要求有较高透气性与耐水性时，宜用涂胶法进行多次涂胶。若织物强度很小，无法承受压延贴胶压力时，宜用涂胶法。对织物先涂胶而后压延贴胶，可显著提高纤维与胶料的黏结力。

2）按国家规定，生产车间的空气中，汽油气体浓度不得超过 0.3mg/L，当浓度达 5 ~ 6mg/L 时，可导致急性中毒。降低溶剂气体浓度最有效的方法是设置溶剂回收装置，并同时设有良好的通风装置。

3）生产车间中的电动机、排风机及照明设备的电开关都须采用全密闭式，以避免产生电火花。传动带、涂胶机和搅拌机等均须安装有效的导静电设备及接地线路，并需配置有效的灭火器材，时刻注意防火防爆。

三、工件参数

1）涂胶工件：弧形板。

2）材质：ABS（工程塑料）。

3）工件尺寸：367mm×300mm×49mm。

4）工件质量：小于 50kg。

四、设备使用环境

1）电源：三相，50（1±2%）Hz，380V。

2）工作温度：-10 ~ 45℃。

3）工作湿度：90%以下。

4）使用场所：室内。

五、涂胶前处理

工件表面在涂敷液体胶之前，一般都要经过清洗、烘干等处理，以便去除工件表面的锈斑、油污或其他污物，使其表面洁净。应当注意的是，所有清洗过的工件最好在 24h 之内完成涂胶工序，否则会被二次污染。

六、涂胶

涂胶部位应根据工件的功能确定，螺纹等小型安装配件一般不进行涂胶。预涂干膜螺纹锁固胶胶层长度应为 1.2 ~ 1.5cm，涂胶厚度应等于工件凸出来的高度，干燥后胶层厚度应为涂胶厚度的 1/3 或 2/3。涂胶要求连续均匀，无流淌和断胶现象，涂胶后的工件应整齐地码放在烘箱托盘上。

七、烘干

涂胶后的工件不能在空气中自然干燥，应放置在（70±5）℃的烘箱内烘干，温度不得超过 75℃。烘干后，取出工件并检查，如果因工件互相粘连码放而存在未烘干现象，应将其分离后再次进行烘干。

程序调试与运行（涂胶）

6.4.2 程序编写、调试与运行

程序编写、调试与运行的操作步骤见表 6-4。

表 6-4 程序编写、调试与运行的操作步骤

序号	操作步骤	图片说明
1	在示教器界面下方点击【新】按钮，创建新的程序模块	
2	用弹出键盘输入程序模块的名称，注意程序模块名称只能以英文开头，点击回车，完成创建	

Industrial Robot

（续）

序号	操作步骤	图片说明
3	点击下方的【打开】按钮，进入程序编辑器	
4	手动操作机器人，将 TCP 移至弧形板上方作为准备抓取点 P1	
5	在程序编辑界面中将光标置于 HOME 点程序行	

（续）

序号	操作步骤	图片说明
6	点击下方【指令】按钮，选择【运动】	
7	选择运动指令【PTP】	
8	点击指令联机表单中名称旁的箭头图标，进入坐标系选择窗口，来设置坐标系	

（续）

序号	操作步骤	图片说明
9	点击【指令 OK】，在弹出的对话框中点击【是】	
10	指令添加完成	
11	手动操作机器人，将 TCP 移至弧形板处作为抓取点 P2	

（续）

序号	操作步骤	图片说明
12	在程序编辑界面中将光标置于 P1 点程序行。点击下方【指令】按钮，选择【运动】→【PTP】	
13	对指令联机表单不做更改，工具坐标系和基坐标系沿用上次的设置，直接点击【指令 OK】按钮，完成指令的添加	
14	在程序编辑界面中将光标置于 P2 点程序行。点击下方【指令】按钮，选择【逻辑】	

(续)

序号	操作步骤	图片说明
15	选择【OUT】→【OUT】	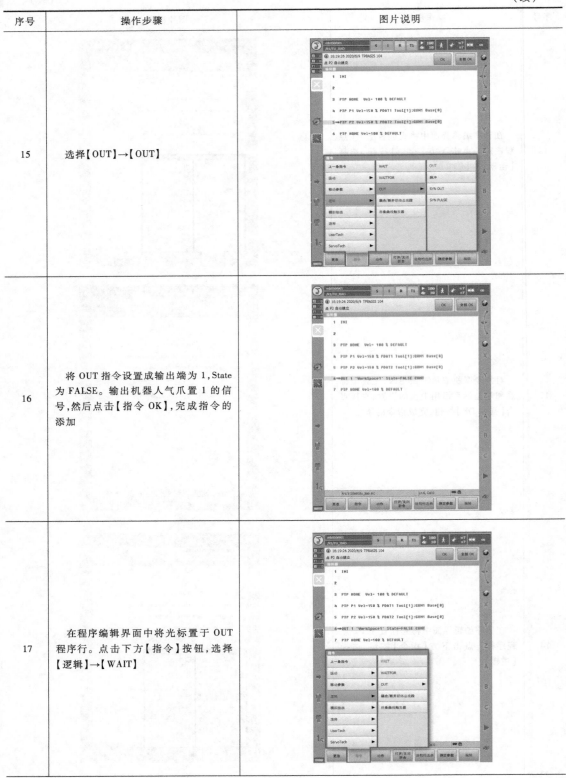
16	将 OUT 指令设置成输出端为 1,State 为 FALSE。输出机器人气爪置 1 的信号,然后点击【指令 OK】,完成指令的添加	
17	在程序编辑界面中将光标置于 OUT 程序行。点击下方【指令】按钮,选择【逻辑】→【WAIT】	

（续）

序号	操作步骤	图片说明
18	将 WAIT 指令设置为等待时间 1s,然后点击【指令 OK】,完成指令的添加	
19	手动操作机器人,将 TCP 移至外部工具库下作为准备涂胶点 P3	
20	在程序编辑界面中将光标置于 WAIT 程序行。点击下方【指令】按钮,选择【运动】→【LIN】	

Industrial Robot

（续）

序号	操作步骤	图片说明
21	对指令联机表单不做更改,工具坐标系和基坐标系沿用上次的设置,直接点击【指令 OK】按钮,完成指令的添加	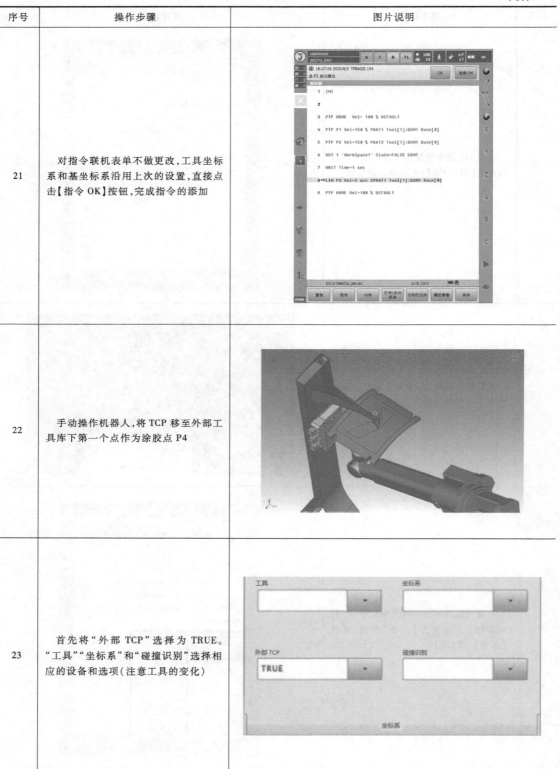
22	手动操作机器人,将 TCP 移至外部工具库下第一个点作为涂胶点 P4	
23	首先将"外部 TCP"选择为 TRUE。"工具""坐标系"和"碰撞识别"选择相应的设备和选项(注意工具的变化)	

（续）

序号	操作步骤	图片说明
24	在程序编辑界面中将光标置于 P3 点程序行。点击下方【指令】按钮,选择【运动】→【LIN】	
25	对指令联机表单不做更改,工具坐标系和基坐标系沿用上次的设置,直接点击【指令 OK】按钮,完成指令的添加	
26	手动操作机器人,将 TCP 移至外部工具库下第二个点作为涂胶点 P5	

序号	操作步骤	图片说明
27	在程序编辑界面中将光标置于 P4 点程序行。点击下方【指令】按钮,选择【运动】→【LIN】	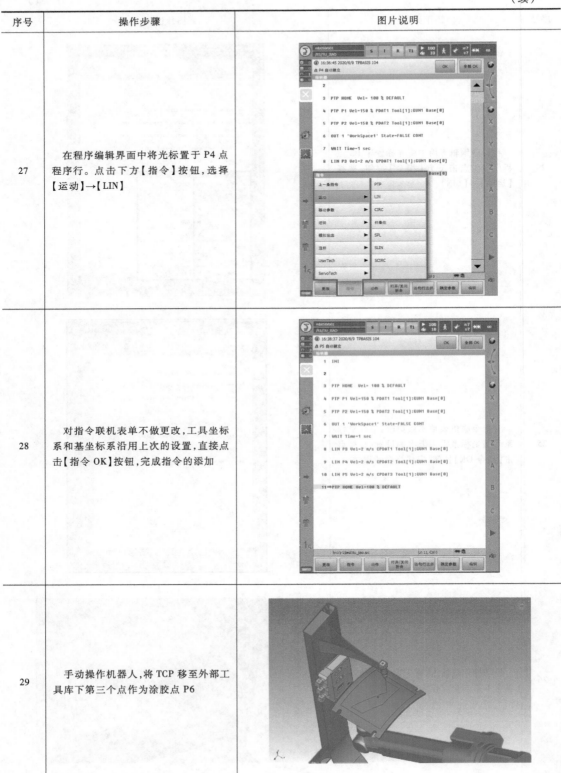
28	对指令联机表单不做更改,工具坐标系和基坐标系沿用上次的设置,直接点击【指令 OK】按钮,完成指令的添加	
29	手动操作机器人,将 TCP 移至外部工具库下第三个点作为涂胶点 P6	

（续）

序号	操作步骤	图片说明
30	在程序编辑界面中将光标置于 P5 点程序行。点击下方【指令】按钮，选择【运动】→【LIN】	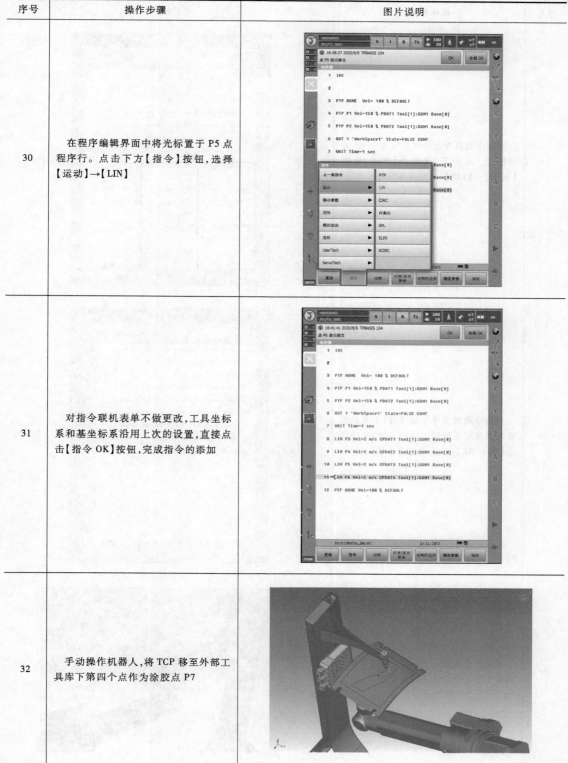
31	对指令联机表单不做更改，工具坐标系和基坐标系沿用上次的设置，直接点击【指令 OK】按钮，完成指令的添加	
32	手动操作机器人，将 TCP 移至外部工具库下第四个点作为涂胶点 P7	

Industrial Robot

（续）

序号	操作步骤	图片说明
33	在程序编辑界面中将光标置于 P6 点程序行。点击下方【指令】按钮，选择【运动】→【LIN】	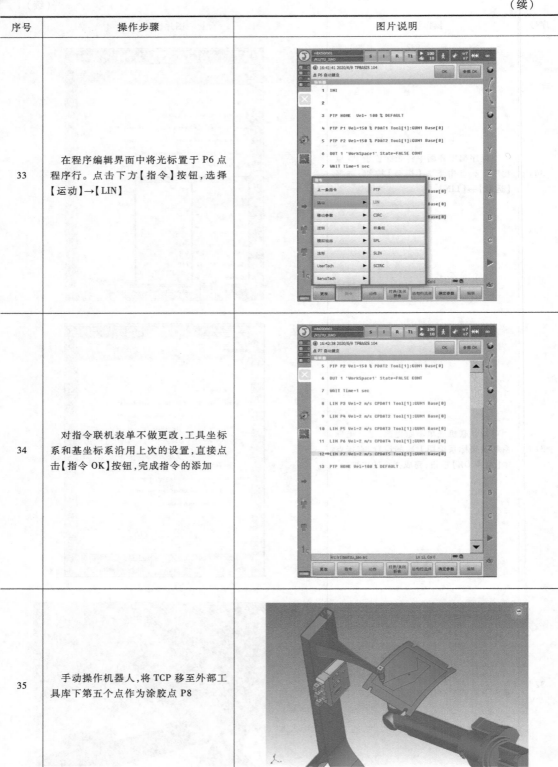
34	对指令联机表单不做更改，工具坐标系和基坐标系沿用上次的设置，直接点击【指令 OK】按钮，完成指令的添加	
35	手动操作机器人，将 TCP 移至外部工具库下第五个点作为涂胶点 P8	

（续）

序号	操作步骤	图片说明
36	在程序编辑界面中将光标置于 P7 点程序行。点击下方【指令】按钮，选择【运动】→【LIN】	
37	对指令联机表单不做更改，工具坐标系和基坐标系沿用上次的设置，直接点击【指令 OK】按钮，完成指令的添加	
38	手动操作机器人，将 TCP 移至外部工具库下第六个点作为涂胶点 P9	

（续）

序号	操作步骤	图片说明
39	在程序编辑界面中将光标置于 P8 点程序行。点击下方【指令】按钮，选择【运动】→【LIN】	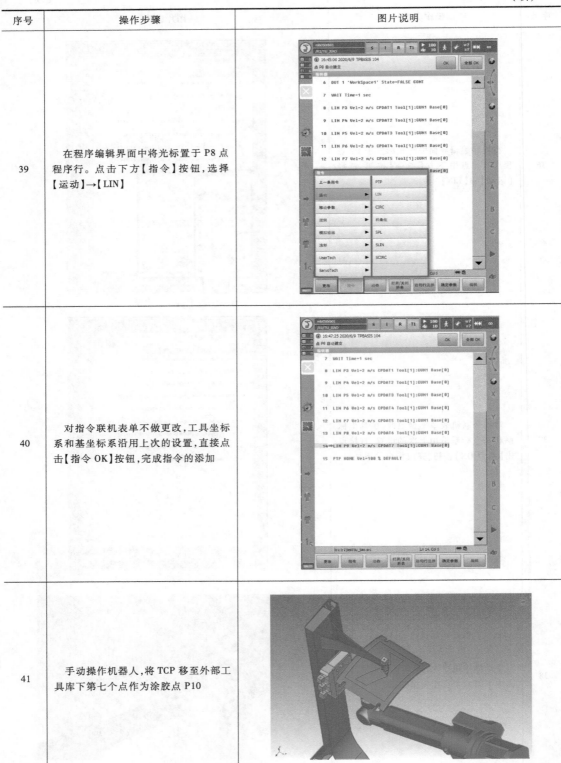
40	对指令联机表单不做更改，工具坐标系和基坐标系沿用上次的设置，直接点击【指令 OK】按钮，完成指令的添加	
41	手动操作机器人，将 TCP 移至外部工具库下第七个点作为涂胶点 P10	

（续）

序号	操作步骤	图片说明
42	在程序编辑界面中将光标置于 P9 点程序行。点击下方【指令】按钮，选择【运动】→【LIN】	
43	对指令联机表单不做更改，工具坐标系和基坐标系沿用上次的设置，直接点击【指令 OK】按钮，完成指令的添加	
44	将"外部 TCP"选择成 FRUE。"工具""坐标系"和"碰撞识别"选择相应的设备和选项（注意工具的变化）	

（续）

序号	操作步骤	图片说明
45	手动操作机器人,将更改后夹爪的TCP 移回放置弧形板的位置上方作为准备放置点 P11	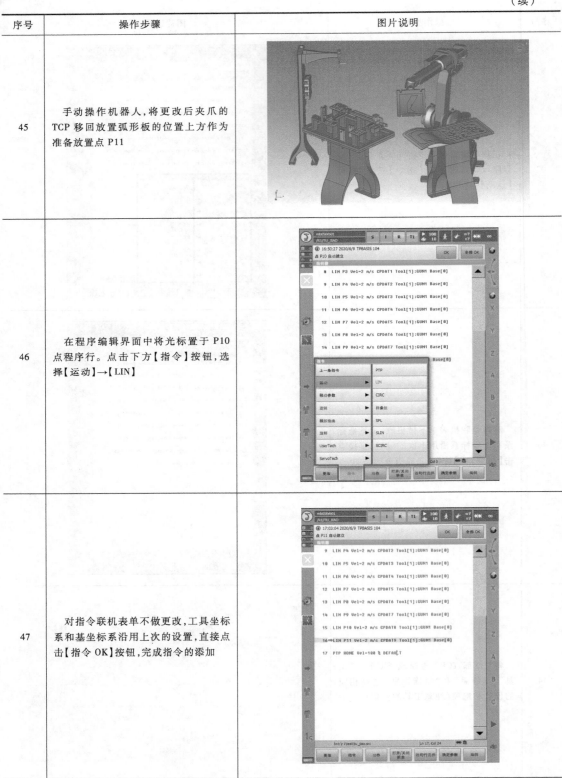
46	在程序编辑界面中将光标置于 P10 点程序行。点击下方【指令】按钮,选择【运动】→【LIN】	
47	对指令联机表单不做更改,工具坐标系和基坐标系沿用上次的设置,直接点击【指令 OK】按钮,完成指令的添加	

（续）

序号	操作步骤	图片说明
48	手动操作机器人,将 TCP 移至放置弧形板的位置作为放置点 P12	
49	在程序编辑界面中将光标置于 P11 点程序行。点击下方【指令】按钮,选择【运动】→【LIN】	
50	对指令联机表单不做更改,工具坐标系和基坐标系沿用上次的设置,直接点击【指令 OK】按钮,完成指令的添加	

Industrial Robot

（续）

序号	操作步骤	图片说明
51	在程序编辑界面中将光标置于 P12 点程序行。点击下方【指令】按钮,选择【逻辑】	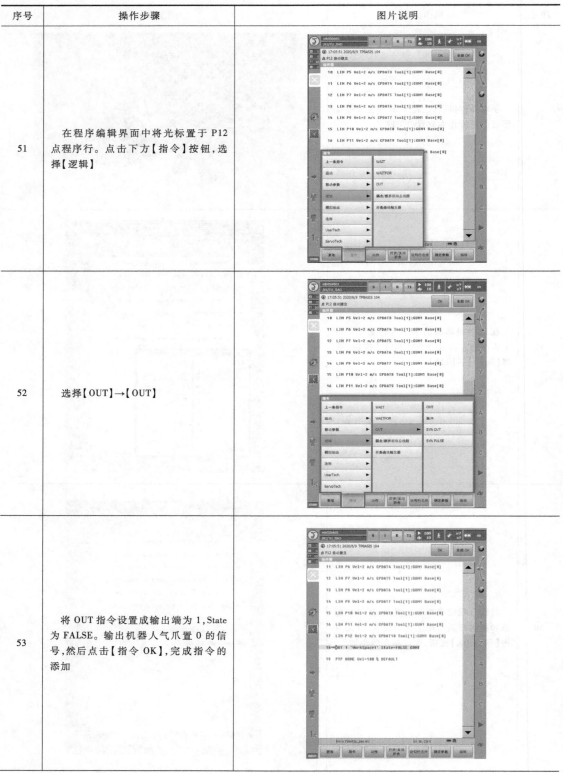
52	选择【OUT】→【OUT】	
53	将 OUT 指令设置成输出端为 1,State 为 FALSE。输出机器人气爪置 0 的信号,然后点击【指令 OK】,完成指令的添加	

（续）

序号	操作步骤	图片说明
54	在程序编辑界面中将光标置于 OUT 程序行。点击下方【指令】按钮，选择【逻辑】→【WAIT】	
55	将 WAIT 指令设置为等待时间 1s，然后点击【指令 OK】，完成指令的添加	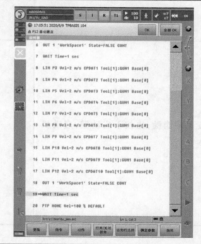
56	接下来机器人需要回到 P1 点位置，作为 P13 点。不用示教，采用复制程序的方法来完成。程序完成	

Industrial Robot

（续）

序号	操作步骤	图片说明
57	手动选择需要运行的程序	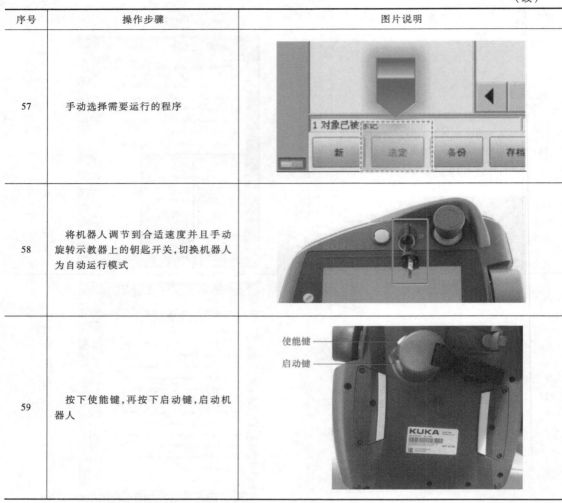
58	将机器人调节到合适速度并且手动旋转示教器上的钥匙开关，切换机器人为自动运行模式	
59	按下使能键，再按下启动键，启动机器人	

6.4.3 系统管理维护

1. 管理制度的建立

完善的管理制度是保证系统正常运行的必要条件之一。只有建立了完善的管理制度，才能在系统日常运行中做到有章可循，为系统的生产、管理和维护奠定基础。

系统管理维护（涂胶）

下面列出了一些系统日常运行过程中的管理制度，从系统安全、操作等多个方面规定了系统日常运行的工作以及对意外情况的处理方式。

1）系统运行操作规程。

2）系统信息的安全保密制度。

3）系统运行日志及填写规定。

4）系统定期维护制度。

5）系统安全管理制度。

6

Industrial Robot

6）用户操作规程。

7）系统修改规程。

2. 维护人员的配备

作为系统维护人员，不仅要了解系统的开发过程，还要善于建立和操作员之间的良好关系。系统维护人员应能够预测可能要出错的地方，还要根据业务需求的改变考虑必要功能的改变，根据系统需求的改变考虑修改硬件、软件及其接口。因此，维护工作涉及的范围较广，是一项长期而复杂的工作。

3. 系统维护人员的选择

对于自主开发或联合开发的信息系统，可以由程序开发人员或参与系统开发的人员作为系统的维护人员，他们清楚系统的构架和程序的体系内容，可以较为轻松地完成系统的维护任务；对于委托开发的信息系统或是购买的商品化软件，企业应该培养系统维护人员或者是委托软件公司负责系统的维护工作。

参 考 文 献

[1] 陈小艳，林燕文. 工业机器人现场编程（KUKA）[M]. 北京：高等教育出版社，2017.

[2] 蔡自兴. 机器人学基础 [M]. 3 版. 北京：机械工业出版社，2021.

[3] 叶辉. 工业机器人实操与应用技巧 [M]. 2 版. 北京：机械工业出版社，2017.